制图教学创新方法

——专·创·美融合的教学创新设计

贾黎明◎著

中国铁道出版社有限公司

CHINA RAILWAY PUBLISHING HOUSE CO., LTD.

内 容 简 介

本书是作者参加教师教学竞赛的心得体会和多年教学改革与实践的成果,从课程教学内容重构方法、教材建设、创新创业教学设计、美育教学设计、课程思政(传统文化)设计、数字化技术应用、教学评价与反馈设计、教学设计模型、产教融合促进教学改革路径探索等多方面、多视角论述制图教学创新设计方法,特别是专·创·美融合的教学创新设计方法。

本书注重数据与实践验证设计方案的合理性,可以为高校教师特别是制图教师的教学创新设计提供参考。

图书在版编目(CIP)数据

制图教学创新方法:专·创·美融合的教学创新设计 / 贾黎明著. -- 北京:中国铁道出版社有限公司,2024.8. -- ISBN 978-7-113-31467-5

Ⅰ. TB23

中国国家版本馆 CIP 数据核字第 20244VN408 号

书　　名:**制图教学创新方法——专·创·美融合的教学创新设计**

作　　者:贾黎明

策　　划:曾露平　　　　　　　　　　编辑部电话:(010) 63551926

责任编辑:曾露平　李学敏

封面设计:刘　莎

责任校对:苗　丹

责任印制:赵星辰

出版发行:中国铁道出版社有限公司 (100054,北京市西城区右安门西街 8 号)

网　　址:https://www.tdpress.com/51eds

印　　刷:北京铭成印刷有限公司

版　　次:2024 年 8 月第 1 版　2024 年 8 月第 1 次印刷

开　　本:787 mm×1 092 mm 1/16　印张:10　字数:243 千

书　　号:ISBN 978-7-113-31467-5

定　　价:48.00 元

作者简介

贾黎明，河南汤阴人，安徽工业大学机械工程学院基础课教学中心教师，第四届中国创造学会理事、第五届安徽省图学学会常务理事，长期致力于以 OBE 理念为指导的教育教学改革研究与实践。主持教育部产学合作协同育人项目 3 项、国家一级学会教研课题 2 项、省级质量工程项目 2 项、校级质量工程项目 4 项，参与各级质量工程项目多项；联合主持安徽省重点研发计划项目 1 项，参与国家社科基金项目 2 项。主编高等教育"十三五"规划教材和"十四五"系列教材 5 部，参编国家级规划教材 12 部。获全国创新创业联盟优秀论文三等奖1篇、国家一级学会课题成果二等奖 1 项，所授课程被评为安徽省在线优秀课堂。

自 2016 年以来，指导学生获得各类竞赛省级以上奖项 270 余人次，多次获得国家级竞赛优秀指导教师称号。指导国家级大学生创新训练项目 3 项、省级 2 项，获本科生导师制优秀指导老师荣誉 1 次。

荣获第九届西浦全国大学教学创新大赛年度教学创新优秀奖(2024 年)，第三届全国高校教师教学创新大赛(安徽赛区)三等奖(2023 年)，第八届全国图学教师微课赛道竞赛二等奖、课堂示范赛道竞赛三等奖(2023 年)，第五届全国高校教师混合式教学设计大赛三等奖、设计之星奖(2023 年)，2023 东方创意之星教师教学创新大赛省赛铜奖(2023 年)，第七届华东区高校教师 CAD 教学竞赛二等奖(2022 年)。

术业专攻，行分层教学之路。

双创为辙，施学生中心之策。

美育融合，承中华艺术之光。

思政为引，掘圆学文化之源。

前　言

之所以写这本书，一切皆因教师竞赛。

2022 年冬季，我作为主讲教师以基础课组函评第一的成绩入围教师教学创新大赛校赛。比赛前，我用 PPT 中的排练计时模式模拟了多次，以确保时间和内容无可挑剔。比赛时，当我信心满满地上台说课，PPT 却出了意外，五分钟自动播放了原本计划十五分钟的内容！虽然是校赛，评委却是学校请来的知名专家。专家们看着跟不上 PPT 进度而手忙脚乱的我，还好心提醒：把 PPT 播放模式关掉再讲讲。可惜我当时非常慌乱，完全乱了节奏。在专家提问与点评环节，我脱离 PPT 把课程情况口述了一遍，勉强给了评委打分的依据。有一位非常和蔼的女专家，她一针见血地指出了我的问题："看着你写的报告，就像看到了我年轻时写的东西，非常青涩。我们是不是应该从教育理论角度去比较分析？"最后，五位评委的意见和建议都很一致：成果较丰富，理论支撑不够。

校赛结束后，我从最初的懊恼中静下心来，"你为什么不去比较分析"这句话在我脑子里盘桓了很久。作为一名工科专业基础课教师，我需要比较分析什么？在专家的建议下，我认真阅读了一些教育学专著，知道了什么是布鲁姆教育目标，更深刻地理解了"以学生为中心"的教育理念应该如何指导教学实践。现在回头来看才发现，我站在讲台上辛勤耕耘 23 载，前 16 年在闭门造车，后五年是管中窥豹，参加教师赛的这两年才在专家的帮助下推开了一扇窗。

从 2022 年 5 月至今，我参加了 9 次校级、省级、国家级教师竞赛并获得不同级别的奖项。本书是参加这些教师竞赛以来总结出来的教学方法，之所以命名为"制图教学创新方法"，是因为"专·创·美"这一教学模式在国内制图教学界尚不多见，希望能与各位同仁敞开心扉交流探讨。本书也是我从事教学 23 年来的工作和成果见证，是我目前能达到的最高认知水平。如果两三年后我发现了书中的不足和问题，说明我的认知有所提升。希望本书能成为鞭策我努力向前的有力证明和继续向前的见证。

教师竞赛的专家评委常问一个问题："你是怎么对课程内容进行重构的？"以前我对这个评分依据的理解非常简单：推翻原课程内容。这个理解也体现在我的校赛报告中，这也是被专家质疑的点："你没有借助前人的内容吗？你是完全原创的吗？如果我是这门课程内容的创建者，我会生气。"这个点评对我来说也是当头棒喝，我只考虑到自己的工作，急于证明我有多与众不同，却忽略了自己的知识来源，忽视了人类的知识传承与创新这一几千年来的优秀传统。本书第 1 章课程教学内容重构方法中介绍了目前流行的课程内容重构理论：建构主义理论、布鲁姆教育目标分类教学理论、OBE 理念和大脑学习理论等。这些理论都是以学生为中心的、以人类学习认知规律为研究对象的经典理论，对课程内容重构起到强有力的理论支撑作用。在制图课程内容重构实践环节，本书论述了课程简介、学情分析、课程痛点及解决方案、跨知识域和布鲁姆教育目标支撑的课程内容重构、重构内容举例——BIM 应用和教学资料比较更新等。

课程内容重构之后,教材建设必须实时跟进。如果课程内容重构不是以市场上的经典教材为体系的,自编教材是最有效的路径。本书第 2 章教材建设,在对高校教材建设现状进行分析、对国内外图学教材进行比较之后,通过课程团队 2018 年开始自编的《建筑制图》《建筑制图习题集》《AutoCAD 基础与应用教程》论述教材编写流程、教材内容、教材特色等,这些教材都是围绕"专·创·美"这一教学改革模式而编写的,并根据教育部文件精神对教材实时跟进改版,以适应"十四五"普通高等教育本科国家级规划教材建设需求。

"专·创·美"中的"创"是指创新理论、创新实践和创业教育。我于 2001 年起进行制图教学的同时,兼任"创造学与创新能力开发"课程教师,接触到一些创新思维方法,后来又教授"发明与专利"课程,这也为我在制图课程中进行"双创"改革提供了知识积累基础。本书第 3 章创新创业教学设计论述"双创"教育现状、创新理论融入制图教学设计的路径探索、创新实践、创业教育,为"双创"教育融入制图课程提供了新思路。

"专·创·美"中的"美"是指美育。这一环节融入制图教学改革纯属偶然。我于 2017 年至 2019 年在一个国内知名的美术培训机构参加学习培训,接触到一些美术基础知识,具备了一定的美术欣赏能力。2020 年初,我设计了"企业创想与 LOGO-CAD 绘制"这样一个项目式教学环节,本书第 4 章即是在这个背景下形成的内容构架。中国传统文化中的美多种多样,有绘画知识、装饰纹样、建筑造型艺术等,可谓琳琅满目、精彩纷呈。本章以传统建筑文化中的纹样为例引入传统文化,以与 CAD 绘图相关的色彩分析为例将美育与课程内容衔接,是制图课堂中的一个新尝试。

课程思政是高等教育对课程改革的新要求,第 5 章搭建课程思政构架,并进一步将中华传统图学文化引入课程思政模块。一般专业课的课程思政会从大国工匠、国之重器等方面叙述,本课程兼顾中国传统建筑文化,可以增加学生的文化自信心和民族自豪感,师生都成为传统文化的传承者。

数字化技术的不断发展对教师应对新型课堂提出新要求,教学改革过程中一个重要的技术就是数字化教学资源建设。本书第 6 章数字化技术应用对国家高等教育智慧教育平台上的部分优质制图数字化资源现状进行分析,并论述本课程团队在超星平台上的建课过程,课程团队历时七年,使课程资源达到上线国家高等教育智慧教育平台的质量要求。

教学评价与反馈设计是教师竞赛评分标准中的一个重要打分点,本书第 7 章从行动研究理论出发,列举制图课程中项目教学评价的流程。

教学设计模型是教师竞赛评审专家喜欢关注的打分点,本书第 8 章列举了 ADDIE、BOPPPS 等多个教学模型,举例说明制图课程中一节课的设计:教学设计方案框架、教学设计方案、课堂教学信息表、课堂教学资源准备、课堂教学过程等。

2015 年课程团队带领学生参加"高教杯"全国大学生先进成图技术与产品信息建模创新大赛失利,对师生都是一个较大的打击。如何才能突破劣势?最终我选择"走出去、请进来"这个破局之路。产教融合这个平台是国家为企业和高校搭建的一个很好的交流平台。本书第 9 章介绍了课程团队与多个企业合作的情况,通过企业为师生培训、联合指导竞赛、使用国产化软件等,加强企业与高校、企业与课堂之间的交流。

　　本书得以成稿,离不开学校、学院领导和同事的关心和指导,离不开学生们努力拼搏和支持,离不开企业为课程团队的无私奉献,离不开先辈们多年研究和经验积累,在此一并感谢! 学无止境,书中难免有叙述不准确或观点不严谨的情况,敬请批评指正!

贾黎明

2024 年 1 月于炼湖畔

目　　录

第1章 课程教学内容重构方法

1.1 国内高校教学内容重构方法研究

近年来,不少高校学者对课程内容重构进行研究,相关知网数据及预测趋势线分析如图 1-1 所示。说明:本书中关于论文数据的分析和预测均在 Excel 中对数据线添加趋势线进行分析,该方法的原理是基于数据点的最小二乘法回归分析。书中数据分析的方程是六阶多项式,前推 1~2 个周期(年)。趋势线仅是根据已有数据的拟合结果,不能保证未来数据的准确性,只能显示未来大概趋势。数据来源是知网相关论文数量(柱状图顶部数据),以整年为基数,完整数据统计至 2023 年,预测前推 1~2 个周期,即 2024 或(和)2025 年,预测趋势线用虚线表示。本书其他图将仅说明预测周期,不再赘述预测方法。图 1-1 所示数据预测至2025 年。

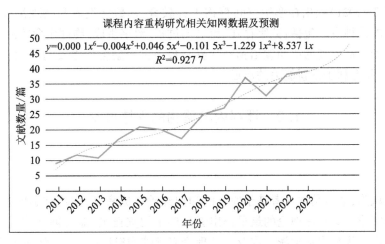

图 1-1 课程内容重构研究相关知网数据及预测分析

许驰[1](2018)认为,课程内容重构的原则是:

①"源于大纲、高于大纲"。需要考虑课程目标与专业毕业要求的关联、课程目标和每次课教学目标的关联、课程与其他课程的关联、课程理论的前沿性、与学生事业发展的相关度、教师的科研融入度、课程背景故事、学生个性化发展需要增加的内容等。

②适应学生发展和适应社会发展。包括与学生核心能力相关的内容、与学生就业相关的内容、奠定学生发展潜力的内容、与学生创新创业有关的内容等。据此原则提出教学内容重构的具体方法,包括:剔除、改造、优化、关联、增加、存疑、兼顾和原创等,并说明教学内容重构要处理好的若干关系。

王竹立[2](2016)在第二届中国教育创新年会上发表关于课程重构的两大原则:开放和融

合。过去的课程过于强调自身的内部逻辑体系,与生活实践脱节。应该从实际问题出发,加大生活实践内容,关注当下的热点、难点问题,以问题解决为导向。应该与互联网全方位对接,多从网络中引入问题、资源和解决办法。课程的重构应该体现'三进'原则,即互联网进课堂,生活实践进课堂,创新教育进课堂。

陆军[3](2022)认为,重构教材内容通常有减少、增加和改变等几种策略,而教材内容重构的缘由主要是基于课程标准的教学取向、"一纲多本"的教材政策和建构主义的教学理论。

黄振菊[4](2012)对技术应用型本科的教学内容现状进行了分析,从目标清晰化、认知与集成、多措并举等四个方面提出了技术应用型本科课程教学内容体系的重构与优化策略。

廖勇等[5](2022)根据新工科教育教学改革内涵,重构了面向新时代的软件工程课程体系,打造了"5+X+1+1"核心课程平台。通过课程横向整合、内容纵向融合,构建了由5门专业核心课及X门体现本校特色方向的标杆课,筑牢学生专业核心素养;新建了1个打破学科界限的逐级进阶的"项目中心"课程系列,提升学生高阶系统能力;重构了1个校内实践递进式贯穿、校外育人全链条贯穿以及校内外实践交错融合的一体化工程实践育人体系,确保学生专业核心素养、工程实践能力螺旋上升。

李培根等[6](2021)提出在孪生空间重构工程教育,即数字世界与物理世界的深度融合。深度融合需要的几种意识包括:数字存在、流动的过程、数字生成、物理生命体的语言等。要让学生在教学活动中从更高的层面领悟物理世界与数字世界融合的本质与关键,把深度融合变成一种习惯,从而有利于创新能力的形成。

1.2 课程内容重构的支撑理论

1.2.1 建构主义理论

建构主义认为,学习是学习者基于原有的知识经验生成意义、建构理解的过程,必须在社会文化互动中完成。该学习理论的最早提出者是瑞士的皮亚杰,他所创立的关于儿童认知发展的学派被人们称为日内瓦学派。皮亚杰的理论充满唯物辩证法,他认为,儿童是在与周围环境相互作用的过程中,逐步建构起关于外部世界的知识,从而使自身认知结构得到发展。[7]建构主义学习理论认为"情境""协作""会话"和"意义建构"是学习环境中的四大要素或四大属性。[8]学生是意义的主动建构者,教师是学生意义建构的帮助者。教师应在可能的条件下组织协作学习(开展讨论与交流),并对协作学习过程进行引导,使之朝有利于意义建构的方向发展。[9]

国内不少教育者将建构主义学习理论应用于学科教育教学领域,知网相关数据及趋势预测如图1-2所示。

林华康[10](2023)将建构主义理论应用于乒乓球教学。认为采用"建构主义"指导教学,对体育教育专业学生掌握乒乓球基本技术有明显的促进作用,并培养自主学习能力和问题意识。体验式教学模式通过创造有趣的学习情境和让学生扮演乒乓球运动中不同的角色,可以更好地激发学生的学习兴趣。

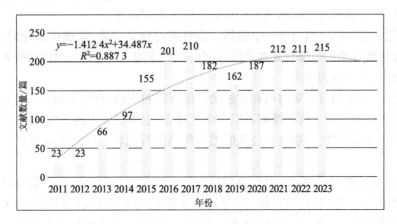

图 1-2　学科教育教学领域的建构主义研究知网相关数据及预测

赵秋丽[11]（2023）以建构主义理论为基础，结合在对初级阶段汉语留学生的线上教学的课堂观察，对建构主义理论教学法在初级汉语听力课中的运用进行了适用性分析。将支架式教学法、抛锚式教学法、随机进入式教学法应用于教学设计和实践。

甘瑾[12]（2020）认为，学生是课堂活动的中心，通过协商协作的方法，在教师的引导下主动建构知识。通过多媒体技术辅助教学，支持学生的交流与讨论，让学生通过讨论、跟读等办法，培养学生良好的自主学习习惯，从而提高学生英语综合运用能力。

李丽娟[13]（2020）提出基于建构主义的案例教学法，并应用于旅游服务管理课程实践。

王竹立[14]（2011）提出的新建构主义学习理论包括：两大挑战、一种学习策略、七个关键词和一种思维方法。人类面临信息超载和知识碎片化两大挑战时，需要采取零存整取式学习策略，并学会包容性思考；"情境、搜索、选择、写作、交流、创新、意义建构"是新建构主义学习理论的七个关键词。

1.2.2　布鲁姆教育目标分类理论

20 世纪 60 年代，心理学家布鲁姆（Benjamin Bloom）将认知领域的教育目标分为六级。

①知识：包括对具体信息和普遍原理的回忆，对方法和过程的回忆，或者对模式、结构、情境的回忆。知识目标强调记忆这一心理过程，知识测验要求对问题进行组织和再组织，以便使该问题为个体掌握的信息和知识提供适当的信号和线索。

②领会：描述最低层次的理解。它是指个体懂得交流的内容并能够使用所交流的材料或观点，却不必在交流的材料与其他材料之间建立起联系或了解材料的全部含义。

③应用：在特定的实际情境中使用抽象概念。这些抽象概念具有总体思路、程序规则、概括得出的方法等形式，也可能是必须记住和应用的技术原理、概念和理论。运用的能力以知识和领会为基础，是较高水平的理解。

④分析：把交流分解成其构成要素或部分，从而弄清楚观念的相对层次以及所表达的观念之间的关系。这样的分析旨在使交流易于理解，表明交流是如何组织的，同时指明交流表达其意思的方式以及交流的依据和安排。

分析强调的是把复杂的知识整体材料分解为组成部分并理解各部分之间的联系的能力,包括部分的鉴别,分析部分之间的关系和认识其中的组织原理。

⑤综合:把要素和部分结合成一个整体。能够进行独立交流,能够提出计划或行动步骤,能够导出一组抽象的关系。综合是对片段、部分、要素等加工的过程。该能力强调的是创造能力,形成新的模式或结构的能力。

⑥评价:基于给定的目的对材料和方法的价值所作的判断,对材料和方法满足准则的程度所作的定量和定性的判断。这些准则可以由学生建立,也可以参考他人的准则。例如,将作品和该领域已知的最高标准,特别是与公认的杰出作品进行比较。评价是最高水平的认知学习结果。

洛林·W.安德森等[15]编著的《布鲁姆教育目标分类学(修订版:完整版分类学视野下的学与教及其测评)》一书,对教学目标、教学过程中的教学活动和教学评估进行了深入的探讨。该书将教学目标、教学活动和教学评估按照24个目标单元进行分类,构成了72种分类结果。

1956年版布鲁姆教育目标原版框架(图左)与2001年版洛林·W.安德森等修订版本框架(图右)比较见图1-3。箭头是2001年版本与1956年版本相对应的调整与修改模块。

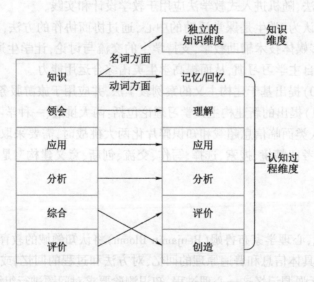

图1-3 从原版框架到洛林·W.安德森修订版的结构变化一览图

1.2.3 OBE理念

1. OBE

OBE[16][17](outcome based education,成果导向教育)理念起源于20世纪70年代初的美国,由教育家杰罗姆·布鲁内尔(Jerome Bruner)提出,强调学习的最终目标是学生能够理解和应用所学知识,具备解决问题的能力和自主学习的能力,而不仅仅是记住和背诵事实。随后,在20世纪80年代和90年代,OBE理念在美国和其他国家得到了进一步发展和推广。

OBE 理念是一种以成果为目标导向,以学生为本,采用逆向思维的方式进行的课程体系的建设理念。它强调学生能够掌握知识、技能和能力,并将其应用于实际问题的解决。在 OBE 理念中,教育目标是明确的,教育者应该清楚地定义学生需要学习的知识、技能和能力,并确保学生能够达到这些目标。

个性化评定也是 OBE 理念的重要组成部分。教育者需要根据学生需求制定个性化的教学计划,采用或设计个性化的教学方法,以帮助学生更好地掌握知识和技能。同时,OBE 理念强调教师的教学责任,即教师应根据学生的学习成果和需求进行教学设计和教学实践。

此外,OBE 导向的教学评价理念也是该教育模式的关键环节。它注重学生的学习成果和能力的培养,关注学生的学习过程、学习态度和学习习惯等方面。教学评价不再仅仅以教师为中心,而是以学生为中心,注重学生的综合素质和实践能力的培养。

在实际应用中,OBE 理念已被广泛应用于世界各地的教育领域。例如,在一些学校中,教育者会根据学生的实际情况和能力来制订教学计划,并通过应用考试等方式来评估学生的学习成果。同时,一些学校也会将 OBE 与传统的课程设置和评价方式结合起来,以平衡对学生知识和能力的关注。

OBE 理念注重学生的个体差异和学习需求,强调学生的实践能力和综合素质的培养,为现代教育的发展提供了新的思路和方法。

2.《华盛顿协议》

《华盛顿协议》基于 OBE 理念制定了知识、能力和态度"三位一体"的毕业要求框架,该框架是实现成员间教育资格实质等效的基本参照点。该协议于 2021 年修订为第四版,毕业要求框架结构由 2013 年版的十二条变为十一条[18],内容包括:①工程知识;②问题分析;③设计、开发解决方案;④研究;⑤使用工具;⑥工程师与世界(原工程师与社会、环境和可持续发展两条合并);⑦伦理;⑧个人与团队;⑨沟通;⑩项目管理与财务;⑪终身学习。

1.2.4 大脑学习理论

大脑学习的本质是一种可塑性的过程。大脑的结构和功能可以随着经验和环境的改变而改变。这种可塑性是通过神经元的连接和通信来实现的。神经元之间的连接称为突触,它们通过化学和电信号传递信息。

大脑学习的原理之一是"练习使完美"。研究表明,反复练习一个特定的技能或任务可以促进突触之间的连接,并加强它们之间的通信。这种重复练习可以改变大脑的结构,使得相关的神经元更容易相互激活,从而提高执行该技能或任务的能力。这也是为什么我们在学习新东西时需要进行反复练习和重复的原因。

大脑学习涉及"使用与丢弃"的原理。大脑中的神经元之间存在数十亿个突触连接,但并不是所有的连接都是必要的或有益的。大脑通过使用和强化特定的连接,并弱化或丢弃不需要的连接来进行学习。这种使用与丢弃的过程被称为突触可塑性,并通过一个名为"竞争性剪枝"的过程来实现。在竞争性的学习环境中,有用的连接被加强,无用的连接被削弱或消除。

大脑学习与记忆密切相关。学习过程中形成的新的或增强的连接会被巩固,并形成长期记忆。这个过程涉及多种机制,包括突触增长和表达特定的蛋白质。

大脑的记忆系统可以分为短期记忆和长期记忆。短期记忆主要涉及工作记忆,它只能容纳有限的信息,而长期记忆则可以储存大量的信息,并在需要时进行提取。

大脑学习的理论强调学习的吸收、理解、消化、记忆、整理和输出等过程。这些过程相互关联,共同构成了大脑学习的完整框架。

大脑学习理论是一个复杂而多样的领域,它涉及神经元的可塑性、练习与重复、使用与丢弃、记忆系统以及学习过程的各个阶段。这些原理和机制共同影响着我们的学习能力和效果。

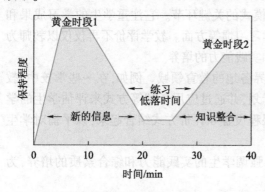

图 1-4　学习过程中的知识保持

戴维·苏泽[19]认为,教师每天都在试图改变人类的大脑,他们对大脑了解得越多,对大脑的改造便会越成功。教师可以从以下方面关注大脑与学习的关系:

1. 可以在教学过程中有效利用黄金时段

学生在学习过程中的知识保持时间如图 1-4 所示,分为黄金时段 1、低落时间和黄金时段 2。教师可以在黄金时段 1 讲授新知识,低落时间段进行练习,黄金时段 2 进行知识整合。不同课时长度对应的黄金时段和低落时间大约平均长度见表 1-1。

表 1-1　课堂中的黄金时段和低落时间的大约平均长度

课堂时间/min	黄金时段		低落时间	
	分钟数总和	分钟数总和所占比例/%	分钟数总和	分钟数总和所占比例/%
20	18	90	2	10
40	30	75	10	25
80	50	62	30	38

2. 学习迁移是学习过程中不可分割的一部分

学习迁移是问题解决、创造性思考和其他高级心理过程、发明以及艺术创造的核心,包括正向学习迁移和负向学习迁移。知识的迁移是学习中的一个重要原则,教师需要考虑"过去的学习—老师的帮助—现在的学习""现在的学习—老师的帮助—未来的学习",才能达到学习迁移的教学效果。

教师可以根据建构主义的学习方法进行以下教学设计:依据学生的反应对教学策略和内容进行修改;在学生分享他们自己的见解之前先了解他们的理解程度;培养学生对话;鼓励学生阐述他们最初的反应;让学生有足够的时间建立关系并且创造一些隐喻。

3. 大脑与艺术

艺术是人类的基本经验,艺术可以提升创造力、问题解决能力、批判性思考能力、沟通能力、自我导向能力、主动性和合作能力。当老师给予学生机会在自己的学习中进行有目的的创造,减少对学科内容的要求时,学生的专注度、合作性和成就都会得到显著提升。

1.3　制图课程内容重构实践

1.3.1　课程简介

制图课程是高等院校面向工科和设计类专业开设的专业基础课,主要研究作为工程与产品信息载体的工程图样的表达方法。通过课程学习,学生可以在执行国家标准的基础上学会用工程图样表达设计思想。

课程所在学校是安徽省地方特色高水平大学建设高校,以工科为主,学生的毕业去向具有"立足安徽、面向长三角、辐射全国"特点。课程主要负责宣贯工程建筑国家标准、工程图样识读与绘制任务。

课程面向的对象是土木工程、工程造价等七个专业一年级学生,每年约有 800 余人选课,是各专业必修课中的学科大类平台课程。2017 年工程造价专业教改、2019 年部分专业因专业认证需要对课程进行调整,课程教学计划沿革树如图 1-5 所示,括号内为学期课时数。

图 1-5　课程教学计划沿革树

课程相关专业的人才培养目标是培养高素质应用型专门人才:掌握对应的专业领域相关基础理论、专业技术和管理等知识;具备良好的人文素养、职业道德、社会责任感和团队协作精神;具有创新意识、实践能力、一定的国际视野;具有分析和解决相关专业复杂工程问题的能力;毕业后 5 年左右能够在其所从事的相关领域承担施工、管理及经营、工程设计、投资开发和教育研究等工作。

课程组将相关专业的人才培养目标文件分析(见图 1-6)细化汇总后和毕业要求指标点进行综合,在课程大纲中制定课程目标,如图 1-7 所示。

图 1-6 相关专业人才培养方案

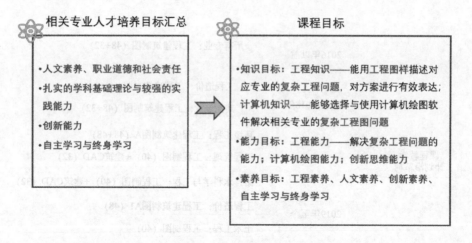

图 1-7 根据培养目标制定制图课程目标

1.3.2 学情分析

1. 学生学习图学课程的积极性不高

①学生普遍认为学完图学只能当抄图员,与他们心中理想的工程师技能偏差较大。

②2015 年以前,课程考核为 30% 平时成绩+70% 纸质试卷考试成绩,题目以制图理论知识为主,应用较少,无创新类考查内容,略显枯燥。

③学生偶有畏难情绪,总评不及格率一直在 15% 以上。

④一年级新生无大学课程基础。

⑤第一学期学前调查部分结果见表 1-2。

⑥所有学生对图学课程能够学到什么程度不了解,没有工程基础。

⑦绝大多数学生有学习热情和学习主动性,个别学生有作业抄袭现象。

表 1-2　制图知识学前调查

选　项	小计/人	比　例
学过复杂形体的三视图	16	7.11%
学过简单几何体的三视图	185	82.22%
完全没有接触过三视图	21	9.33%
在网上学习过制图课程	3	1.33%

2. 学生的专业认知不足,认为可供就业的工作环境比较差

　　该课程是一年级新生接触到的第一门与建筑有关的基础课程,学生对课程的学习体验将直接影响其对于专业的认知和对未来的就业规划。七个专业的就业去向相近,有土建类、市政与道桥类、安装工程类等。从土建类新生的调查数据(见图 1-8)可知,学生对工科大类和工科中的土建大类专业就业前景和行业缺乏信心,认为工作环境比较差。

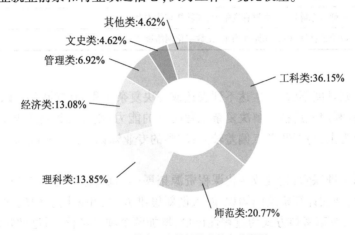

(a) 学生心中最好就业的专业类别

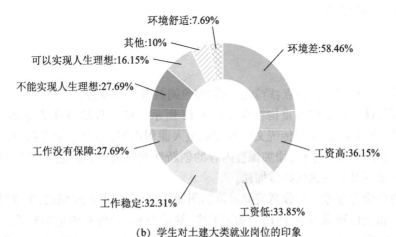

(b) 学生对土建大类就业岗位的印象

图 1-8　一年级学生就业愿景调查摘录

1.3.3 课程痛点及解决方案

1. 课程痛点导火线：师生参加高教杯首战爆零

课程痛点的导火线是 2015 年师生首次参加高教杯国赛获奖数为 0。高教杯是图学类课程国家级排行榜赛事，赛题改编自工程项目图纸，具有图学课程改革的风向标作用。课程分析：课程知识体系已不能满足学生应对复杂工程图问题的能力；课程内现代化工程工具涉及较少；教师未将工程实践融入课堂。课程存在的问题见表 1-3。

表 1-3　课程存在的问题

课程内容	2017 年以前未设置计算机绘图课程
教学方法	板书和板图为主，与工程实际脱节
考核方式	平时作业占比较低，以手工图为主，不考查学生的创新思维和作图效率；期末考试为纸质试卷，题目比较传统
教材	教材知识点体系为数十年前的图学知识，不完全适合本校学生，与社会发展逐渐脱节
团队	教师观念陈旧，学生没有竞争力，高教杯首战失利
课程资源	以传统挂图、模型和课件为主，无数字化网络课程资源

2. 课程痛点

课程知识体系难度不够，学生达不到表达或解决复杂工程问题的能力；课程中没有设置计算机绘图，达不到利用先进技术解决复杂工程问题的能力；创新思维能力与人文素养不足；课程考核以手工图为主，与竞赛考点偏差较大；教师的专业知识和工程实践与课程融入度不够。

3. 解决方案

将竞赛赛题引进课堂；建设数字化课程资源拓展知识域；结合竞赛知识编写特色教材，增加工程知识难度；增加计算机绘图知识；融入创新思维方法，并采用多种教学方法优化课堂教学，如图 1-9 所示；改革考核方式为过程性评价，增加两个项目考核，通过教师培训强化建筑工程素养，通过教师科研进课堂提升课程工程知识难度，通过教师课程教研（见图 1-10）为痛点的有效解决提供理论支撑。

1.3.4 跨知识域和布鲁姆教育目标支撑的课程内容重构

1. 课程内容重构

课程内容的重构有两大特点：跨知识域和布鲁姆教育目标支撑。

跨知识域的课程教学内容重构框架如图 1-11 所示。将工程项目和竞赛知识（复杂工程图）、创新创业、美术基础、中国传统文化等知识融入课程内容，并参考顶级和知名高校的图学课程体系对课程内容进行重构，增加课程内容的创新性和挑战性，突破传统图学课程的瓶颈，为高阶型人才培养目标的达成添砖加瓦。

原课程内容设置参考大部分高校的建筑制图课程，已有数十年的积累，主要以布鲁姆教育目标中的理解和记忆知识为主，应用型知识偏少，缺乏分析、评价和创造类知识。课程团队结合本课程的实际需求，以图 1-11 为框架，参照布鲁姆教育目标细化课程内容，内容重构及解析如图 1-12 所示。知识模块顺序用 K+数字表示。

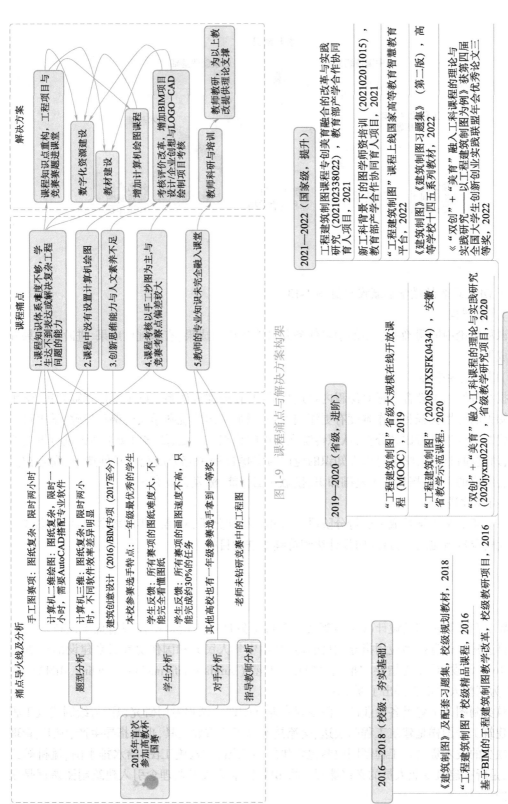

图 1-9　课程痛点与解决方案构架

图 1-10　教师课程教研

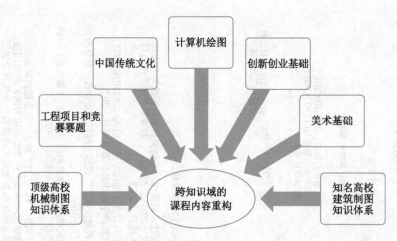

图 1-11 跨知识域的课程教学内容重构框架

2. 课程理念——基于 OBE 理念的教学创新设计

基于 OBE 理念的教学创新设计见图 1-13。

（1）产出导向

在课程绪论中即明确一学年的学习任务和可能达成的成果，有基础性成果、进阶性成果和高阶性成果。

（2）以学生为中心

根据布鲁姆六类教育目标对课程内容进行重构，在原课程体系基础上增加竞赛知识，学生可以对知识的应用实践和操作难度有更深刻理解；增加中国传统图学文化课程思政，学生可以与近现代图学理论进行比较分析，认识传统文化中的优点与不足，能够对图学知识进行纵向客观评价；通过项目设计，学生可以在知识的应用与实操过程中充分展现自我创造力，提升初探经济社会组成的兴趣、拓展美术基础知识、接触人工智能、激发创业意识。

（3）持续改进

将一学年的学生学习成果进行分阶段分析和总结性分析，对第二年的教学内容、方案和课程数据化资源进行更新，通过反向设计达到持续改进的目的。

1.3.5 制图知识重构内容举例——BIM 应用

1. BIM 技术融入高校建筑制图课堂现状分析

BIM 是在计算机辅助设计（CAD）等技术基础上发展起来的多维模型信息集成技术，《关于印发推进建筑信息模型应用指导意见的通知》由中华人民共和国住房和城乡建设部于 2015 年 6 月 16 日印发，旨在为指导和推动建筑信息模型（building information modeling，BIM）的应用，这也为高校人才培养提出了新要求。

建筑类制图是土建类各专业的一门主要专业基础课。课程专门研究识读与绘制建筑工程图样。建筑工程图样是建筑工程师表达、交流技术思想的重要工具，也是指导生产、施工、管理等不可缺少的技术资料。工程制图内容包含建筑施工图、结构施工图、给水排水图、道桥等工程图样，是所有建筑专业人员的必修课程。将 BIM 技术的大专业理念引入建筑制图课程是很有必要的。

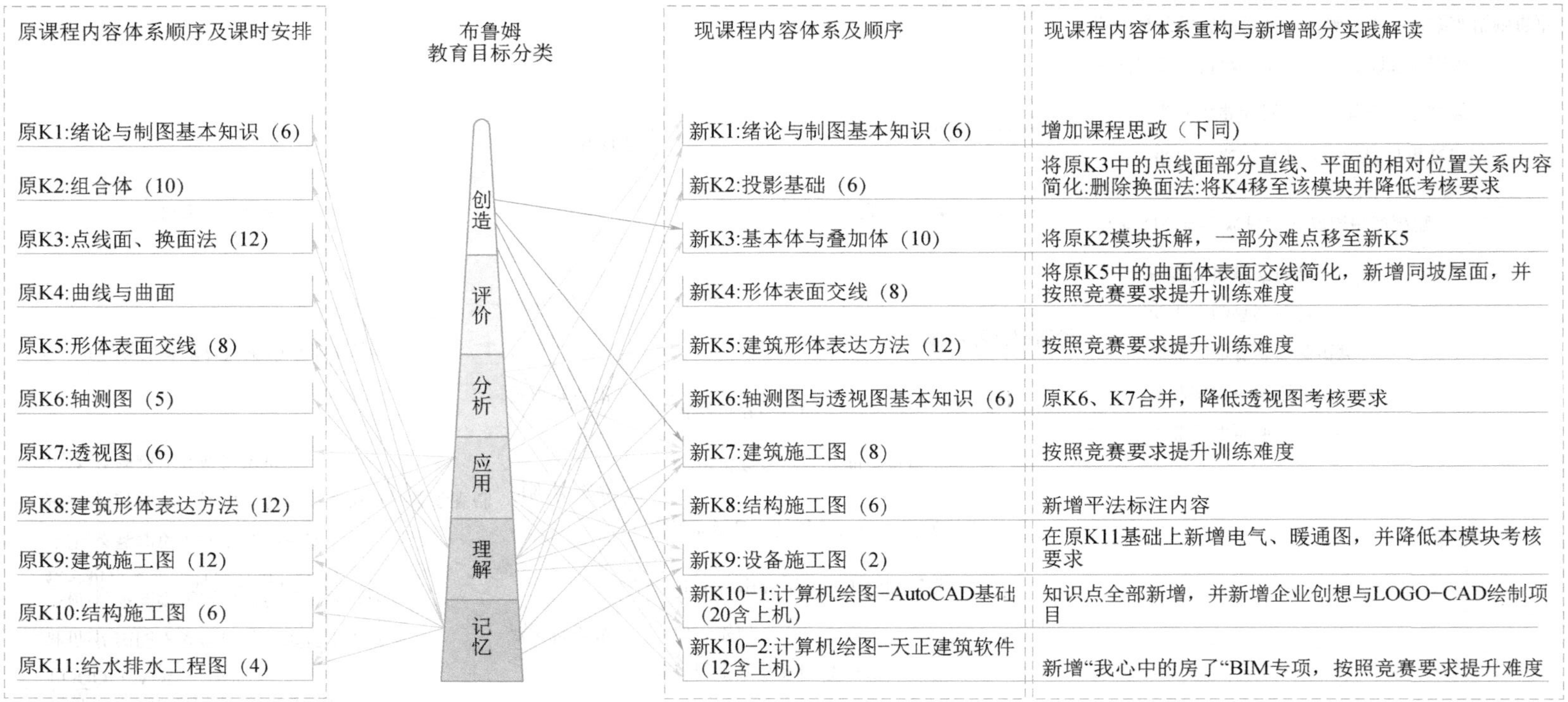

原课程内容体系顺序及课时安排	布鲁姆教育目标分类	现课程内容体系及顺序	现课程内容体系重构与新增部分实践解读
原K1:绪论与制图基本知识 (6)	创造 评价 分析 应用 理解 记忆	新K1:绪论与制图基本知识 (6)	增加课程思政(下同)
原K2:组合体 (10)		新K2:投影基础 (6)	将原K3中的点线面部分直线、平面的相对位置关系内容简化;删除换面法;将K4移至该模块并降低考核要求
原K3:点线面、换面法 (12)		新K3:基本体与叠加体 (10)	将原K2模块拆解,一部分难点交线简化
原K4:曲线与曲面		新K4:体与面交线 (8)	将原K5中的曲面立体表面交线提升训练难度,新增同坡屋面,并按照竞赛要求提升考核难度
原K5:形体表面交线 (8)		新K5:建筑形体表达方法 (12)	按照竞赛要求提升训练难度
原K6:轴测图 (5)		新K6:轴测图与透视图基本知识 (6)	原K6、K7合并,降低透视图考要求
原K7:透视图 (6)		新K7:建筑施工图 (8)	按照竞赛要求提升训练难度
原K8:建筑形体表达方法 (12)		新K8:结构施工图 (6)	新增平法标注内容
原K9:建筑施工图 (12)		新K9:设备施工图 (2)	在原K11基础上新增电气、暖通图,并降低本模块考核要求
原K10:结构施工图 (6)		新K10-1:计算机绘图-AutoCAD基础 (20含上机)	知识点全部新增,并新增企业创想与LOGO-CAD绘制项目
原K11:给水排水工程图 (4)		新K10-2:计算机绘图-天正建筑软件 (12含上机)	新增"我心中的房子"BIM专项,按照竞赛要求提升难度

图 1-12 布鲁姆教育目标支撑的课程内容重构

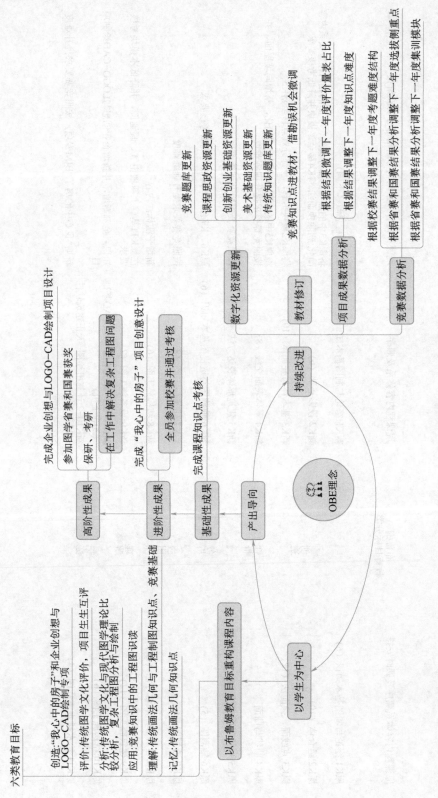

图 1-13 基于 OBE 理念的教学创新设计

课程团队建筑类制图教学现状分析:在教学理念上,以二维平面读图为主,三维信息较少;教学体系上以重点讲解画法几何理论原理,点、线、面等几何元素的投影表达,应用平立剖面图形描述建筑施工图等,整体缺少三维立体绘图的概念。画法几何部分难度较大的相贯线、截交线等内容所占学时偏多,实际工程图纸的读图量偏少;目前的教学手段主要是板书、模型和PPT相结合,学生处于被动接受状态,对于空间想象能力较弱的学生来说难度较大。

针对以上教学效果不能与工程实际接轨的状况,有高校进行了针对性的教学改革,并取得了显著成绩。

哈工大工程图学部何蕊等[20]将 Revit 纳入土木工程制图 I 课程中,学生学习后均能够掌握小别墅的 3D 建筑建模,并对模型进行渲染,对 BIM 基本流程有了初步的认识。该课程学习者业余时间组成创业训练团队继续学习 BIM 技术,逐渐成为 BIM 技术的拔尖人才。

西安建筑科技大学张淑艳等[21]在制图教学方面引入三维 CAD 造型技术较早,实践表明,采用三维造型设计授课的学生在构型和视图表达等方面表现更优秀,学习兴趣更浓厚,教学效果良好。该校开设三维建模全校通识课,培养出来的学生多次获得高教杯团体一等奖。

南京理工大学泰州科技学院张龙等[22]以 Revit 软件进行真实模拟操作,直接虚拟显示讲解。制图理论课时结束后,安排一周 Revit 软件建模实训。

2. 课程 BIM 应用实践

工程素养部分仍以制图基本知识和计算机绘图知识为主进行授课,适当引入 BIM 应用,增加"我心中的房子"制图课程设计环节,要求每个学生作业不能相同,用于检验制图知识和计算机绘图的实践能力、学生独立思考问题的能力和创新思维能力。

在 2016 年"高教杯"赛项的指导下,课程团队针对原有工程建筑制图教学无法跟进社会对 BIM 人才需求的现状,对制图的教学内容、方法、手段等进行改革,将 BIM 技术的软件之一——Revit 与二维绘图软件相结合,融入教学中,采用项目式教学法,打破制图仅读图和画图的传统,于 2016—2017 学年第二学期开设"建筑创意设计与制图"选修课,2017—2018 学年第一学期在工程造价专业开设"工程建筑制图 A1"试点,2019 年起在全校七个专业推广 BIM 应用。通过模型制作、手工图及模型图绘制、项目展示答辩、提交论文等环节进行成绩评定。

通过教师科研带动教学改革。教师团队将与知名设计院合作的科研项目资源(见图 1-14)引入课堂,经过科研项目分析与学习,学生的创新思维和运用现代化工具解决问题的能力有所提升,不再拘囿于课本知识,通过自学多个 BIM 软件和 PS 等其他软件来完成"我心中的房子"项目设计,在答辩环节(见图 1-15)充分展示自我。

图 1-14　教师科研举例　　　　　　　　　图 1-15　学生答辩现场

学生 BIM 作业中的设计题目举例见表 1-4。

表 1-4　学生 BIM 作业举例

2017—2018 学年第 2 学期设计(论文)统计					
课号:(2017-2018-2)-05064014-1307-1			课程名称:工程建筑制图 A2		
开课学院:		任课教师:	学分:2.5		
序号	学号	姓名	专业	班级	设计(论文)题目
1	159104793	彭瑞	工程造价	价 152	三层简约小别墅
2	179094001	包舒欣	工程造价	价 171	易生玺爱
3	179094002	蔡欢欢	工程造价	价 171	HA(Heart Attack 怦然心"栋")
4	179094003	查梦娴	工程造价	价 171	孩童时代(野居)
5	179094004	丁淑晴	工程造价	价 171	碧海潮声
6	179094005	董丽	工程造价	价 171	溪语悦庭
7	179094006	杜浩	工程造价	价 171	乡间小别墅
8	179094007	傅飞凡	工程造价	价 171	乡间绿荫别墅
9	179094008	韩家宾	工程造价	价 171	大理洱海小独栋
10	179094009	杭成	工程造价	价 171	云深之所
11	179094010	何一鸣	工程造价	价 171	梦想大房子
12	179094011	李博文	工程造价	价 171	博文的小屋
13	179094012	李海玲	工程造价	价 171	时光苑
14	179094013	李时愉	工程造价	价 171	临海小屋
15	179094014	刘天旭	金融学	融 173	(转专业)
16	179094015	刘子纪	工程造价	价 171	欣欣小窝
17	179094016	马丹妮	工程造价	价 171	Horse's House
18	179094017	彭昱	工程造价	价 171	竹林别墅
19	179094018	秦博	工程造价	价 171	农村小别墅
20	179094019	孙宁宁	工程造价	价 171	沐光城堡
21	179094020	汪杭兴	工程造价	价 171	山水世纪
22	179094021	汪寅韬	工程造价	价 171	平行世界
23	179094022	汪莹	工程造价	价 171	佳野居
24	179094023	王成龙	工程造价	价 171	洱海南苑
25	179094024	王立堃	工程造价	价 171	艾恩格朗特
26	179094025	王素慧	工程造价	价 171	自然之家
27	179094026	王滔	工程造价	价 171	静院闲墅
28	179094027	王银	工程造价	价 171	山水太和月光别墅
29	179094028	薛怡	工程造价	价 171	怡居
30	179094029	杨康乐	工程造价	价 171	海滨小屋
31	179094030	杨蕾	工程造价	价 171	我心中的房子
32	179094031	张博	工程造价	价 171	风水宝地
33	179094032	张佳莹	工程造价	价 171	海边景房
34	179094033	张建阔	工程造价	价 171	我心中的房子
35	179094034	赵雅婷	工程造价	价 171	沁风雅径

续上表

2017—2018 学年第 2 学期设计(论文)统计

| 课号:(2017-2018-2)-05064014-1307-1 | | | | 课程名称:工程建筑制图 A2 | |
| 开课学院: | | 任课教师: | | 学分:2.5 | |
序号	学号	姓名	专业	班级	设计(论文)题目
36	179094035	周峻勋	工程造价	价 171	万城华府
37	179094036	朱中根	工程造价	价 171	乡间别墅
38	179094039	戴长云	工程造价	价 172	林中小屋
39	179094040	方茂华	工程造价	价 172	泊心苑
40	179094041	贺昕	工程造价	价 172	温馨小屋
41	179094042	胡轶凡	工程造价	价 172	山野别墅
42	179094043	黄菲	工程造价	价 172	心意居
43	179094044	金圆	工程造价	价 172	海上钢琴屋
44	179094045	李佩	工程造价	价 172	旅飘南诏小雅舍
45	179094046	李锐	工程造价	价 172	嵊泗列岛别墅
46	179094047	李玉婉	工程造价	价 172	心栖
47	179094048	刘加光	工程造价	价 172	城市之光
48	179094049	刘康	工程造价	价 172	心灵小镇
49	179094050	卢勋	工程造价	价 172	观山墅
50	179094051	陆文绮	工程造价	价 172	麦田里的守望者
51	179094052	罗志鹏	工程造价	价 172	东篱下
52	179094053	孟雯雯	工程造价	价 172	无名
53	179094054	倪坤	工程造价	价 172	静雅屋
54	179094055	潘午潇	工程造价	价 172	我心中的温暖之家
55	179094056	谭淳玄	工程造价	价 172	避世屋
56	179094057	汤卓轩	工程造价	价 172	乡村馨园
57	179094058	王艳芳	工程造价	价 172	遇见
58	179094059	王燕	工程造价	价 172	燕巢
59	179094060	卫屹柔	工程造价	价 172	蓝绿之家
60	179094061	吴秀荣	工程造价	价 172	浪漫小屋
61	179094062	吴烛敏	工程造价	价 172	森林小别墅
62	179094063	夏伟	工程造价	价 172	爱情海别墅
63	179094064	谢路	工程造价	价 172	海滨之家
64	179094065	徐茂菊	工程造价	价 172	我的小家
65	179094066	徐明明	工程造价	价 172	海边的卡夫卡
66	179094067	应杨青云	工程造价	价 172	应杨青云
67	179094068	袁洪伟	工程造价	价 172	海阔水岸花墅
68	179094069	袁瑞	工程造价	价 172	巴莱仙境
69	179094070	张铭施	工程造价	价 172	家
70	179094071	张婷婷	工程造价	价 172	我-浣花小筑
71	179094072	张钰承	工程造价	价 172	自由空间

1.4 教学资料更新

一门课程的教学资料可能包括：根据培养计划制定的教学大纲、教学日历、教材、教学设计方案、作业、试卷、试卷分析、实验大纲和指导书、实验报告、课程设计等，课程内容重构需要教学资料同步更新。

1.4.1 教学资料概述

1. 教学大纲

教学大纲是根据学科内容及其体系和教学计划的要求编写的教学指导文件，它以纲要的形式规定了课程的基本内容、教学进度和基本要求。它是编写教材和进行教学工作的主要依据，也是检查学生学业成绩和评估教师教学质量的重要准则。

（1）教学大纲的说明部分

需要说明课程的性质、任务和目的：简要介绍课程的基本性质、它在整个专业培养计划中的地位和作用，以及通过本课程的教学应达到的基本要求。

教学的基本要求：根据专业培养计划的要求，提出课程教学的总体要求，包括知识、能力、素质等方面的具体要求。

教学内容的选择原则：说明选择教学内容的主要依据和原则，以确保内容的科学性、先进性和适用性。

教学方法与手段的建议：提出适用于本课程的教学方法和手段，包括课堂讲授、实验教学、讨论课、实践教学等，以及使用的教学媒体和技术。

（2）教学大纲的本文部分

本文部分是大纲的主体，通常按照章节或模块的顺序编写，包括各章节或模块的教学内容和要求。

章节或模块的标题：清晰地列出课程的各个章节或模块的标题。

教学内容：详细列出各章节或模块的教学内容，包括基本概念、基本原理、基本方法、重要定理、公式、计算及应用等。

教学重点与难点：指出各章节或模块的教学重点和难点，以帮助教师和学生把握教学方向。

教学要求：明确提出对各章节或模块的教学要求，包括理解、掌握、应用等层次的要求。

（3）附录部分

附录部分通常包括一些补充材料，如参考书目、教学进度表、实验指导书等。

新形式的大纲中可以融入课程思政的内容。

2. 教学日历

教学日历是教师组织课程教学的具体计划表，它基于教学大纲编制，是任课教师实施教学过程的重要依据，也是学生学习过程中需要参考的重要教学文献之一。教学日历的主要目的在于使教师合理地分配教学时间，确保预定教学任务的顺利完成。

教学日历的内容主要包括：总课时及课时分配、教学内容及其课内课外实验学时分配、教学方式方法、作业安排等。在编写教学日历时，教师需要明确学期的安排，包括学期的第一天、上课时间、放假时间、各个学科的考试时间等，并根据学校的安排以及自己的实际情况制定合理的课程安排。同时，教师还需要考虑学生特点，合理安排授课时间和作业布置，并留出空余时间以应对突发事件和教学调整。

例如，在实验课的安排中，需要写明实验名称、实验学时数；独立开设的实验课教学日历中还必须写明实验内容。习题课、课堂讨论和其他环节要注明题目和学时数。对于公共课集体备课的课程，应在教学日历备注栏注明。如果有多名教师上同一班级同一门课程，应在教学日历中标明各个教师所讲授内容。

教学日历的制定需要细致周到，既要符合教学大纲的要求，又要考虑到学生的实际情况和学习需求，以确保教学过程的顺利进行和教学目标的顺利实现。

3. 教学设计方案

教学设计方案是教师在课前根据教学目的、教学内容和学生特点，对教学活动进行系统化规划和设计的过程。一个好的教学设计方案可以有效提升教学效果，帮助学生更好地掌握知识和技能。传统说法称教学设计方案为教案，现在有些学者称教学设计方案为学案，这一称谓的变化也反映出课堂教学由教师中心向学生中心的转变。

教学设计方案通常包括以下几个关键部分：

教学目标：明确学生通过本堂课的学习应达到的具体目标，包括知识、技能、情感态度等方面的目标。

教学内容：详细列出本堂课要讲解的知识点、重点难点，以及相应的教学资源，如教材、课件、视频等。

教学方法：根据教学内容和学生特点，选择合适的教学方法，如讲授法、讨论法、案例分析法、实验法等。

教学过程：设计具体的教学步骤，包括导入新课、讲授新课、组织讨论、实验操作、课堂练习等环节，以及各环节的时间安排。

教学评价：设计对学生学习成果的评价方式，可以是课堂测试、作业检查、小组讨论等多种形式，以了解学生的学习效果，为下一步教学提供依据。

在教学设计过程中，还需要考虑如何激发学生的学习兴趣和积极性，如何营造良好的课堂氛围，如何促进师生互动等问题。教师在实际教学过程中应根据学生的反馈和教学效果进行适时调整和优化，以确保教学质量和效果。通过合理的教学设计，教师可以更好地引导学生学习，提高教学效果，促进学生全面发展。

教学设计方案举例见本书第 8 章。

1.4.2　新旧教学大纲

课程团队根据 1.3 节中的制图课程内容重构方案，对相关课程教学大纲和教学日历进行调整。教材更新建设情况见第 6 章。

1. 旧版教学大纲

"建筑 CAD"课程教学大纲（旧版）如下：

课程编号:0506400019

课程名称:建筑 CAD/Architectural Computer-aided Design

学分:2

学时:32(理论:24   实验:0   上机:12   课外实践:0)

适用专业:土建类各专业

建议修读学期:2

开课单位:

课程负责人:

先修课程:工程制图

一、课程性质、目的与任务

"建筑 CAD"是土建类专业的学生需要掌握的一门专业基础课,内容包括建筑形体的表达方法、建筑施工图、AutoCAD 二维图形绘制、AutoCAD 工程制图的国家标准、AutoCAD 绘制建筑施工图等。本课程的主要任务是通过理论教学和上机实践,使学生熟练掌握建筑形体的各种表达方法,建筑施工图的读图与画图,AutoCAD 的二维绘图命令、编辑命令、图案填充、图块、尺寸标注、打印出图等,并能绘制简单建筑的建筑平立剖和详图等,为学生后续的专业课学习和就业打下坚实的基础。本课程支撑毕业要求的 3.1、3.5 和 3.8。

二、教学内容及学时分配

本课程总学时数为 32 学时,其中理论教学为 24 学时,上机教学为 12 学时。课程教学共有 8 章,部分内容及学时安排等见表 1-5。

表 1-5　教学内容及学时安排

课程内容	教学要求	重点(☆)	难点(△)	学时安排	实验学时	上机学时	备注
第 5 章 建筑形体表达方法				4			讲授
5.4 剖面图	A	☆	△				
5.5 断面图	A						
5.6 简化画法	C						
5.7 第三角画法简介	C						
第 7 章 建筑施工图				4			讲授
7.1 施工图概述	B						
7.2 与建筑施工图有关的国家标准	B						
7.3 建筑总平面图	A	☆					
7.4 建筑平面图	A	☆	△				
7.5 建筑立面图	A	☆					
7.6 建筑剖面图	A	☆	△				
7.7 建筑详图	B						
第 11 章 计算机绘图				24			讲授+上机
11.1 AutoCAD 基础							
11.1.1 AutoCAD 软件简介	B			1			
11.1.2 AutoCAD 软件基本操作	A			1		1	
11.1.3 二维绘图命令	A	☆	△	4		3	

续上表

课程内容	教学要求	重点(☆)	难点(△)	学时安排	实验学时	上机学时	备注
11.1.4 二维绘图修改方法及常用命令	A	☆	△	3		3	
11.1.5 尺寸标注	A	☆		1		1	
11.1.6 二维绘图举例及打印出图	B			1		2	
11.2 天正建筑软件	A		△	1		2	

（教学基本要求：A-掌握；B-熟悉；C-了解）

三、建议实验(上机)项目及学时分配

与理论教学对应的上机学时为 12，上机内容包括：

①AutoCAD 软件基本操作；

②绘图命令练习：直线、圆、图块、文本、图案填充等；

③二维绘图修改方法及常用命令：删除、复制、阵列、裁剪、镜像、分解等；

④尺寸标注：尺寸样式设置、线性尺寸、对齐标注、连续标注、基线标注、尺寸编辑等；

⑤二维绘图举例及打印出图：简单建筑施工图绘制举例，出图打印 PDF、dwf 等；

⑥天正建筑软件简介：天正建筑自定义设置，平面图绘制，三维图生成，T3 文件出图等。

四、教学方法与教学手段

多媒体演示，项目式教学法。

五、考核方式与成绩评定标准

课程考核采用百分制。课程考核成绩采用平时成绩+期终考试成绩相结合的方式，平时成绩占课程考核成绩的 40%，平时成绩由课堂小作业、课堂综合实践作业、签到、课堂讨论、CAD 机考或者 CAD 大作业等部分组成。期终成绩考核占课程考核成绩的 60%，采用闭卷考试方式。

六、教材与主要参考书目

(1)教材

①《建筑制图》，贾黎明、汪永明主编，中国铁道出版社，2018。

②《建筑制图习题集》，贾黎明、张巧珍主编，中国铁道出版社，2018。

(2)主要参考书目

①《建筑制图》第七版，何斌、陈锦昌等主编，高等教育出版社，2015。

②《AutoCAD 建筑绘图与天正建筑实例教程》，赵武主编，机械工业出版社，2019。

③《土木工程 CAD》，左咏梅、王立群主编，机械工业出版社，2015。

七、大纲编写的依据与说明

本课程教学大纲，是根据土建类专业本科生培养目标与要求，结合本课程的性质、教学的基本任务和基本要求，经学院教学委员会审定后编写的，突出了土建类工程专业的工程教育特色以及 AutoCAD 软件及天正建筑软件等重点内容。

2. 新版教学大纲

"建筑 CAD"课程教学大纲(新版)如下：

课程编号：0506400019

课程名称:建筑 CAD/Architectural Computer-aided Design

学分:2

学时:64(理论:20　　实验:0　　上机:12　　课外实践:32),其中线下 32、线上 32

适用专业:给排水科学与工程、工程管理专业

建议修读学期:2

开课单位:

课程负责人:

先修课程:工程制图

课程性质:必修

预修要求:工程制图

课程简介:

　　给排水科学与工程、工程管理两个专业的工程建筑制图课程分为两个阶段:工程制图和建筑 CAD。建筑 CAD 课程安排在第二学期,主要内容包括:建筑形体表达方法、建筑施工图、计算机绘图等。建筑形体表达方法和建筑施工图是先修课程"工程制图"的延续内容;计算机绘图部分包括 AutoCAD 基础和天正建筑软件。AutoCAD 基础部分包括:软件基本操作、基本二维绘图命令(基础)、基本二维图形编辑命令、图案填充与图块(二维绘图命令进阶)、尺寸标注、二维图形绘制输出等。天正建筑软件内容包括:天正建筑软件界面、常用的工具条、绘制平面图、生成立面图和剖面图、施工图文件输出等。

　　课程目标见表1-6。

表1-6　课程目标

知识目标	对应指标点 3.1 工程知识、3.5 使用现代工具、3.8 职业规范、3.9 个人与团队、3.10 沟通、3.12 终身学习。 基础目标:掌握工程中需要用到的图样识读与绘制方法,熟练掌握工程中需要用到的 AutoCAD 基本命令和天正建筑软件基本命令。 进阶目标:通过竞赛图样的绘制和识读强化工程知识。 高阶目标:通过课程各环节中的不同项目训练,了解 AutoCAD 软件中的高阶命令、美育基础知识、创新与创业基础知识、中国传统图学文化
能力目标	通过复杂工程图识读与绘制,培养工程图绘制能力。 通过软件学习,计算机绘图能力有所提高。 通过图案填充中的色彩填充练习,培养工科学生的艺术思维能力。 通过企业创想,培养学生认知社会经济形态的能力和创新思维能力。 通过"我心中的房子"项目和企业创想和 LOGO-CAD 项目设计,培养学生独立思考的能力和终身学习的能力。 通过互评和答辩,培养学生的语言表达能力、欣赏他人的意识和自我反思能力
素养目标	通过工程图的绘制,计算机运用能力提升,工程素养增强。 通过项目式教学,学生的综合学习能力增强,从而达到主动学习和终身学习的目标。 通过项目式教学,创新思维和创业意识有所提升。 通过融入中国传统建筑文化和色彩文化,人文素养有所提升。 通过工程伦理案例和工程反例教学,学生的敬业素养提升

续上表

对应支撑的毕业要求指标点	3.1 工程知识(强支撑):用专业知识解决复杂工程问题。 3.5 使用现代工具(强支撑):开发、选择与使用恰当的技术解决复杂工程问题。 3.8 职业规范:具有社会责任感和人文社会科学素养,能够在工程实践中理解并遵守工程职业道德和规范,履行责任。 3.9 个人与团队:能够在多学科背景下的团队中承担不同的角色。 3.10 沟通:能够与业界同行及社会公众就复杂问题进行有效沟通和交流。 3.12 终身学习:具有自主学习和终身学习的意识,有不断学习和适应发展的能力

课程内容与教学安排见表1-7。

表 1-7 课程内容与教学安排

讲次	"建筑CAD"课程内容	思政融入点	教学要求	重点(☆)	难点(△)	学时安排(课前-线上)	学时安排(课中-线下)	学时安排(课后-线上)	上机学时(课中-线下)
第1讲	建筑形体表达方法-剖视图	在剖面图和断面图的识读中引入中国传统图学文化:(续《工程制图》) 1. 宋《营造法式》 2. 清《清工部工程做法则例》 3. 明《园冶》中的建筑构造	A	☆		1	2	1	0
第2讲	建筑形体的表达方法-断面图		A	☆		1	2	1	0
第3讲	建筑施工图-总平面图和平面图	在图样的识读中引入中国传统图学文化: 1.《兆域图》 2.《周礼·考工记·匠人营国》 3. 唐《梓人传》中的画宫于堵 4. 清朝样式雷	A	☆		1	1.5	1	1
第4讲	建筑施工图-立面图和剖面图		A	☆		1	1.5	1	1
第5讲	AutoCAD软件基本操作		A	☆		1	1	1	0.5
第6讲	基本二维绘图命令		A	☆		1	1.5	1	0.5
第7讲	基本二维图形编辑命令	在图案填充和渐变色中引入中国传统图学文化和美学文化: 1. 彩陶文化 2. 商周青铜器纹样 3. 瓦当 4. 仰尘和藻井 5. 明《园冶》中的风窗、地砖、栏杆等 6. 清《长物志》 7. 宋画代表作《千里江山图》	A	☆		1	1	1	0.5
第8讲	二维图形举例		A	☆		0.5	1.5	1	0.5
第9讲	二维图形参数化		B		△	1	1.5	1	0.5
第10讲	图案填充		A	☆		1	1	1	1
第11讲	图块、属性块		A	☆		1	1.5	1.5	0.5
第12讲	尺寸标注		A	☆	△	0.5	1	1	1.5
第13讲	打印布图		B			1	1	1.5	1
第14讲	天正建筑软件配合AutoCAD绘制平面图	在工程图绘制时介绍中国国产软件天正建筑软件,学生能够更快地掌握建筑工程图的绘制,激发学生对国产软件的喜爱和适应性,培养爱国精神	A			0	1	2	1
第15讲	天正建筑软件配合AutoCAD绘制立面图与剖面图		B	☆		1	1	1	1
第16讲	上机考试		A	☆		2			2

课程评价(建议):

综合成绩=期末考试50%+平时成绩50%

平时成绩(建议比例)=习题集作业(40%)+平时大作业(20%)+国家智慧教育平台"工程建筑制图"线上课程成绩记录(40%)

平时大作业(建议比例)=CAD图(60%)+项目成绩(20%)+竞赛成绩(20%)

项目成绩=项目1+项目2

竞赛成绩=高教杯校级选拔赛制图基础知识专项

线上课程成绩(建议比例)=课程视频(30%)+讨论(5%)+作业(40%)+线上考试(10%)+章节学习次数(5%)+签到(10%)

项目1评价量表(建议)见表1-8。

表1-8 项目1评价量表

	评价维度	优	良	中	及格	得分
"我心中的房子"项目评价100分	项目立意 10分	立意新颖 体现项目选址的地域文化 9~10分	立意较新颖 有项目选址 8~8.9分	有立意介绍 项目选址不清晰 7~7.9分	无立意介绍 6~6.9分	
	施工图 60分	平面图、立面图、剖面图、详图齐全,尺寸标注完整 54~60分	有平面图、立面图、剖面图,尺寸较齐全 48~53分	有平面图,尺寸标注较规范 42~47分	有平面图,数量不够,绘图不太规范 36~41分	
	项目展示 10分	效果图有背景,色彩搭配合理 9~10分	有效果图,背景较简单,有色彩 8~8.9分	有效果图,无背景,无色彩 7~7.9分	效果图简略 6~6.9分	
	答辩 20分	答辩PPT美观,有较多的展示手段,答辩语言清晰流畅,情绪饱满 18~20分	答辩PPT较美观,有建筑展示手段,答辩语言清晰、较流畅、情绪较饱满 16~17分	有答辩PPT,答辩语言较流畅 14~15分	有答辩PPT 12~13分	

项目2评价量表(建议)见表1-9。

表1-9 项目2评价量表

	评价维度	优	良	中	及格	得分
企业创想与LOGO-CAD绘制项目评价100分	CAD技术 60分	有CAD源文件,图线规范,格式规范 54~60分	有CAD源文件,图线较规范,格式较规范 48~53分	无CAD源文件,图片清晰 42~47分	无CAD源文件,图片不够清晰 36~41分	
	作业格式 10分	有企业名称、企业类码、创意解析、LOGO与文字布局合理 9~10分	有企业名称、企业类码、LOGO与文字布局较合理 8~8.9分	有企业名称 7~7.9分	格式简略 6~6.9分	
	LOGO色彩和(或)构形 20分	色彩美观,构形合理 18~20分	色彩较美观,构形较合理 16~17分	色彩或构形较合理 14~15分	有色彩或构形 12~13分	
	原创性 10分	完全原创 9~10分	有少量参考 8~8.9分	有部分参考 7~7.9分	根据已有LOGO改编 6~6.9分	

3. 旧版教学日历

旧版教学日历见表1-10。

表 1-10　旧版教学日历(2019—2020 第 2 版)

学年学期:2019-2020-2			课程编号:05064019		课程名称:建筑 CAD		
教师:			总学时:32		上课班级:水 192,水 193,水 191		
教材名称:《建筑制图》《建筑制图习题集》			阶段考试		参考书:		
周次	开课类型	上课时间节次	讲课节章及内容摘要	学时	教学方式	授课教师	授课场地
1	讲课学时	周二第七八节	剖面图(续):断面图及简化画法	2	网络教学		
2	上机学时	周二第七八节	上机练习:完成 A3 图纸和标题栏绘制	2	网络教学		
3	讲课学时	周二第七八节	第 11 章计算机绘图:尺寸标注、打印出图、绘图综合举例	2	网络教学		
4	讲课学时	周二第七八节	第 11 章计算机绘图:图块、制作块、写入块、块属性等;标高、轴线编号	2	网络教学		
5	讲课学时	周二第七八节	第 11 章计算机绘图:图案填充、文本编辑	2	网络教学		
6	讲课学时	周二第七八节	第 11 章计算机绘图:编辑命令中删除、复制、阵列、裁剪等	2	网络教学		
7	讲课学时	周二第七八节	第 11 章计算机绘图:绘图命令中直线、多段线、圆、圆弧、多边形、多线等	2	网络教学		
8	讲课学时	周二第七八节	第 11 章计算机绘图:AutoCAD 2010 基本知识、A3 绘图环境设置	2	网络教学		
9	讲课学时	周二第七八节	第 7 章建筑施工图:建筑立面图、建筑剖面图、建筑详图	2	网络教学		
10	讲课学时	周二第七八节	第 5 章建筑形体表达方法:建筑形体的视图表达与尺寸标注、剖面图	2	网络教学		
11	上机学时	周二第七八节	上机练习:完成 CAD 三视图及尺寸标注综合练习	2	网络教学		
12	上机学时	周二第七八节	上机练习:完成习题集第四题	2	网络教学		
13	上机学时	周二第七八节	上机练习:单钩和双钩练习	2	网络教学		
14	上机学时	周二第七八节	上机练习:完成习题集长圆型图例	2	网络教学		
15	上机学时	周二第七八节	上机练习:完成习题集第一、二题	2	网络教学		
16	讲课学时	周二第七八节	第 7 章建筑施工图:建筑制图标准、建筑总平面图、建筑平面图	2	网络教学		

4. 新版教学日历

新版教学日历见表 1-11。

表 1-11　新版教学日历

| 学年学期：2022—2023-2 | | | | 课程编号：05064019 | | | | 课程名称：建筑 CAD | |
| 教师：贾黎明 | | | | 总学时：64(32 线下+32 线上 时间、地点和教学形式机动) | | | | 上课班级：水 221，水 222，水 223 | |
序号	日期	周次	讲次	学时（分钟）	授课地点	学生人数	教学内容（要点）	教学形式	教学活动
1	2023.2.16	1	1	课中 2（90）	教 D305	102	建筑形体的表达方法-剖视图	讲授+讨论	课前:教师录制知识点视频和竞赛视频,学生搜集复杂形体三视图;课堂:传统文化《营造法式》中的剖视图(师);剖视图识读与绘制方法;课堂讨论(生);课后:杯型基础练习
2	2023.2.23	2	2	课中 2（90）	教 D305	102	建筑形体的表达方法-断面图	讲授+讨论	课前:教师录制知识点视频和竞赛视频,学生搜集桥梁墩柱等构件;课堂:传统文化《营造法式》中的断面图(师);断面图识读与绘制方法(师);课堂讨论(生);课后:异形梁练习
3	2023.3.2	3	3	课中 2（90）	教 D305	102	建筑施工图-总平面图和平面图	讲授+讨论	课前:教师录制知识点视频和竞赛视频,学生搜集自己家小区和住宅图样;课堂:传统文化《兆域图》解读(师);房屋建筑图国家标准举例(师);课堂讨论(生);住宅设计规范举例(师生);民用建筑总平面图和平面图举例;课后:一人一房-欣赏中国建筑之美
4	2023.3.9	4	4	课中 2（90）	教 D305	102	建筑施工图-立面图和剖面图	讲授+讨论	课前:教师录制知识点视频和竞赛视频,学生搜集最漂亮的房子立面;课堂:传统文化《园冶》中的门窗造型(师);《营造法式》中的斗栱剖面图(师);课堂讨论(生);课后:一人一梯——欣赏楼梯之美
5	2023.3.16	5	5	课中 2（90）	逸夫楼 402	102	AutoCAD 软件操作界面、绘图环境设置	讲授+讨论+实践	课前:教师录制软件安装视频和竞赛视频,学生安装软件;课堂:AutoCAD 软件与国产软件兼容性介绍;图层、显示控制、打开与保存等软件基本操作(师);课堂讨论(生);上机实践;课后:绘制标准图框,理解制图标准的严谨和规范

续上表

学年学期：2022—2023-2				课程编号:05064019				课程名称:建筑 CAD
教师:贾黎明				总学时:64(32 线下+32 线上时间、地点和教学形式机动)				上课班级：水 221,水 222,水 223
序号	日期	周次	讲次	学时(分钟)	授课地点	学生人数	教学内容(要点)	教学形式	教学活动
6	2023.3.23	6	6	课中 2(90)	逸夫楼 402	102	基本二维绘图命令	讲授+讨论+实践	课前:教师录制知识点视频和竞赛视频,学生搜集有趣的二维图形; 课堂:小组同绘——创意图形(组长);绘图命令(师);上机实践; 课后:一人一图——寻找博物馆中的二维图形
7	2023.3.30	7	7	课中 2(90)	逸夫楼 402	102	基本二维图形编辑命令	讲授+讨论+实践	课前:教师录制知识点视频和竞赛视频,学生搜集有特色的中国传统图形; 课堂:各版本编辑命令比较分析(师讲、学长说);不同绘图命令效率比较(生);上机实践; 课后:小组同绘——创意图形
8	2023.4.6	8	8	课中 2(90)	逸夫楼 402	102	二维图形举例	讲授+讨论+实践	课前:教师录制知识点视频和竞赛视频,学生搜集创意图形; 课堂:小组同绘——创意图形(组长),上机实践; 课后:一人一图——寻找中国传统纹样
9	2023.4.13	9	9	课中 2(90)	逸夫楼 402	102	二维图形参数化	讲授+实践	课前:教师录制知识点视频和 CAT-ICS 竞赛视频,学生搜集网上参数化视频; 课堂:传统文化《营造法式》中的"材"解读;简单二维图形参数化(师);上机实践; 课后:CATICS 二维竞赛题目练习
10	2023.4.20	10	10	课中 2(90)	逸夫楼 402	102	图案填充	讲授+讨论+实践	课前:教师录制知识点视频和竞赛视频、寻找 CAD 插件,学生浏览中国色网站、搜集传统纹样、安装色彩分析软件; 课堂:传统文化——仰韶文化、瓦当、青铜器纹样等欣赏; 小组同绘——创意图形(组长);填充命令之高阶填充命令介绍;课堂讨论(生);色彩 RGB 分析(实践);上机实践; 课后:企业创想与 LOGO-CAD 绘制,提交项目 1 设计成果,互评→专家评价→评价反馈

续上表

学年学期:2022—2023-2				课程编号:05064019				课程名称:建筑CAD	
教师:贾黎明				总学时:64(32线下+32线上时间、地点和教学形式机动)				上课班级:水221,水222,水223	
序号	日期	周次	讲次	学时(分钟)	授课地点	学生人数	教学内容(要点)	教学形式	教学活动
11	2023.4.27	11	11	课中2(90)	逸夫楼402	102	图块、属性块	讲授+讨论+实践	课前:教师录制知识点视频和竞赛视频,学生搜集建筑图块集; 课堂:标题栏、轴线编号、标高符号等图块(师);课堂讨论(生);上机实践; 课后:自制图块
12	2023.5.4	12	12	课中2(90)	逸夫楼402	102	尺寸标注	讲授+实践	课前:教师录制知识点视频和竞赛视频,学生搜集建筑尺寸类型; 课堂:中国传统建筑中的尺寸单位(师);快速标注建筑施工图(师);课堂讨论(生); 课后:不同比例下绘制图形标尺寸注意事项
13	2023.5.11	13	13	课中2(90)	逸夫楼402	102	打印布图	讲授+讨论+实践	课前:教师录制知识点视频和竞赛视频,学生搜集第一学期课程作业; 课堂:古代印刷术、造纸术、徽墨技艺等(师);图学竞赛出图规则(师);课堂讨论(生); 课后:发布一套建筑施工图纸
14	2023.5.18	14	14	课中2(90)	逸夫楼402	102	天正建筑软件配合Auto-CAD绘制平面图	讲授+讨论+实践	课前:教师录制知识点视频和竞赛视频,学生搜集平面图案例; 课堂:中国传统建筑布局;天正软件开间、进深、各种图库的应用(师);课堂讨论(生); 课后:"高教杯"国赛试卷——二维图形绘制
15	2023.5.25	15	15	课中2(90)	逸夫楼402	102	天正建筑软件配合Auto-CAD绘制立面图与剖面图	讲授+讨论+实践	课前:教师录制知识点视频和竞赛视频,学生搜集有特色的立面图; 课堂:中国传统建筑立面布局;天正软件立面和剖面工具、各种图库的应用(师);课堂讨论(生); 课后:"我心中的房子"项目设计——建筑面积500平方米
16	2023.6.1	16	16	课中2(90)	逸夫楼402	102	上机考试	实践	课前:模拟题练习; 课堂:限时提交; 课后:提交项目2设计成果,答辩

注:大部分课程资源发布和作业收集等在学习通进行,辅以QQ群、微信、问卷星等。

参考文献

［1］　许驰，陈庆章. 课堂教学内容重构的原则与方法［J］. 高等工程教育研究，2018(4)：137-143，151.

［2］　陆军. 重构课程内容：培育学科核心素养的重要路径［J］. 化学教学，2022(7)：3-7.

［3］　黄振菊. 应用型课程教学内容体系的重构与优化［J］. 黑龙江高教研究，2012，30(8)：176-178.

［4］　廖勇，周世杰，汤羽，等. 面向新工科的软件工程专业核心课程体系建设［J］. 高等工程教育研究，2022(4)：10-18.

［5］　李培根，陈立平. 在孪生空间重构工程教育：意识与行动［J］. 高等工程教育研究，2021(3)：1-8.

［6］　钟毅平，叶茂林. 认知心理学高级教程［M］. 合肥：安徽人民出版社，2010.

［7］　斯特弗，盖尔. 教育中的建构主义［M］. 高文，徐斌燕，程可拉，等，译. 上海：华东师范大学出版社，2002.

［8］　高文，徐斌艳，吴刚. 建构主义教育研究［M］. 北京：教育科学出版社. 2008.

［9］　林华康. 建构主义视域下体验式教学模式应用于乒乓球普修课的创新研究［D］. 广州体育学院，2023.

［10］　赵秋丽. 基于建构主义理论的教学法在汉语听力教学中的运用研究［D］. 武汉：华中师范大学，2023.

［11］　李丽娟. 基于建构主义理论的"旅游服务管理"课程案例教学模式探究［J］. 中国林业教育，2020，38(S1)：90-93.

［12］　王竹立. 新建构主义：网络时代的学习理论［J］. 远程教育杂志，2011，29(2)：11-18.

［13］　洛林. W. 安德森. 布卢姆教育目标分类学（修订版：完整版分类学视野下的学与教及其测评）［M］. 皮连生，译. 上海：华东师范大学出版社，2021.

［14］　戴红，蔡春，黄宗英. OBE 教育理念下三全育人理论与实践［M］，北京：知识产权出版社，2019.

［15］　刘香萍，周红梅. 基于 OBE 理念的专业与课程建设［M］. 北京：北京理工大学出版社，2022.

［16］　李志义. 《华盛顿协议》毕业要求框架变化及其启示［J］. 高等工程教育研究，2022(3)：6-14.

［17］　苏泽. 打造学习型大脑：理论、方法与实践［M］. 郭蔚欣，译. 北京：北京师范大学出版社，2023.

［18］　何蕊，曲焱炎，高岱，等. 高等院校 BIM 拔尖人才培养模式探索［J］. 时代教育，2015(23)：21-22，24.

［19］　张淑艳，雷光明，成彬，等. 三维 CAD 辅助工程制图教学的方法［J］. 图学学报，2014，35(3)：464-468.

［20］　张龙，李十泉. BIM 在土木工程制图课程中的应用［J］. 山西建筑，2015，29：254-256.

第2章 教材建设

2.1 高校教材建设研究

吴岩[1](2022)在《深化"四新"建设 走好人才自主培养之路》报告中指出，教学改革改到实处是教材。教材是传播知识的主要载体，要在知识、能力素质和价值观方面都要行，教材直接关系党的教育方针的贯彻落实。他提到要"六抓"教材建设：强育人、抓管理、推创新、拓形态、树标杆、建规划，要发挥教材的培根、铸魂、启智、润心功能，完善高校教材分级管理、质量监控制度；把学科发展的前沿理论成果和实践成果融入教材；探索新形态和新领域教材建设；开展首届全国优秀教材奖评选；建好"十四五"规划教材(分批遴选、重点推进)。

陆国栋等[2](2015)学者认为，要让课堂教学活跃起来、让学生积极思考起来和让教师讲授激情起来，大学课堂的教学内容不应该被一本教科书所约束，而应该在教学大纲的统领下，有更广的延展、更深的优化、更多的关联。从教科书角度看，就是要对教材进行"二次开发"。

赵志强[3](2005)强调立体化教材的含义和建设的必要性，并从课程教学包、教学资源库和学科(专业)网站三个层次讨论了立体化教材建设的内容、实施步骤与思路，指出这是提高高校师资队伍水平的重要途径。

王恬等[4](2013)认为，教材不是知识的简单堆积，而是一种再创造过程，也是提升与培养教师能力的过程。教材又是教学经验的结晶，编写过程是教师总结教学经验和教学方法的过程。编写队伍的构建可促进与培养高水平的教师团队。教材必须论点正确、论据充分、论证严密；需要文字流畅、语言精练、特色鲜明、材料组织和逻辑安排要自成体系；内容安排符合教学规律与学生的认知特点。

刘叶[5](2024)以广告专业课程教材建设为例，提出融媒体教材建设方案，认为融媒体教材应具有实用性和前瞻性，既要涵盖传统广告课程的基本知识体系，又要关注新媒体广告的发展趋势和技能要求；应注重案例教学，以激发学生的创新思维和实践能力，培养具备实战经验的广告人才。教材内容应充分考虑广告专业课程的特点与需求，包括对理论知识、实践技能和职业素养的培养；教材应采用融媒体呈现方式，如线上线下相结合、图文声像并茂，以提高学生的学习兴趣；教材还应与行业发展同步，及时更新案例和数据，为学生提供最新的广告行业动态。

李润珍[6](2024)认为新形态教材讲好中国故事的流程是做好整体规划设计、开展课程研究、精选故事主题、丰富故事呈现、分享与应用。

田曦等[7](2023)认为"立体化教材"是随着现代信息技术不断发展所诞生的产物，是以纸介质教学资料为基础，结合多媒体等网络共享资源的教学集合出版物。立体化教材以多功能性、便捷性、实用性等特点，能最大限度满足教师教学、学生学习的需要，并提出对立体化教材建设的一些看法。

张敏瑞[8]（2007）对双语教材现状进行研究，建议国内学者与国外学者合编教材。

王慧芳[9]（2018）建议：成立教材建设指导委员会，全面提升教师"课程思政"综合能力。引导教师转变教学理念，围绕新时代历史定位，将习近平新时代中国特色社会主义思想深度融入专业课程建设。加强学校与学校之间的合作、学校与企业之间的合作、学校与出版社之间的合作，合力打造高水平教材。

2.2　国内外图学教材比较

2.2.1　国外优秀制图教材

随着制图双语教学的需要，国内出版社出版了一些国外优秀图学教材，其中清华大学出版社和中国工程图学学会图学教育专业委员会出版的《国外大学优秀教材 工程图学系列丛书》较为典型。

①（美）E. French[10]著，焦永和译，工程制图与图形技术，清华大学出版社，2007。

本书引入了现代 CAD 技术，全书体系和内容新颖；设计与图学紧密结合；比较完整地保留了传统工程图学的内容，但适当精简了部分画法几何的内容，加强草图与立体图的绘制，以及读图的训练。

②（美）Gary R. Bertoline[11]著，梁文慧、王政彦译，图形信息表达基础教程，清华大学出版社，2007。

本书的特点：三维实体建模理论与实践贯穿全书，CAD 技术贯穿全书；设计与图学紧密结合；适当精简了部分画法几何的内容，加强了草图与立体图的绘制，以及读图的训练；每章结构编排特色突出，体例多样，有"目标""工程设计""实践""CAD 融入""复习题""思考题""典型题"等，便于读者更好地掌握相关内容。

③（加）延森等[12]著，窦忠强改编，工程制图基础（第 5 版）（国外大学优秀教材——工程图学系列（影印版）），清华大学出版社，2009。

本书介绍了画法几何的理论基础，并突出工程实际的概念；文字叙述详尽，配图恰当；介绍了现代计算机绘图技术和方法；强调工程草图的作用；通过实例介绍使用方法，易于自学。

④扎伊德[13]，通晓 CAD/CAM，清华大学出版社，2007。

本书是一本 CAD/CAM 技术书籍，内容全面；注重技术的基础性，同时兼顾技术的先进性；注重实践，每章给出"示教"与"实例"；结构生动，每章开始有"目标"、"掌握要点"，结尾有"示教"和"分析"，还安排了由理论和实践两部分组成的数量较多的习题，便于读者更好地掌握技术内容并动手实践；内容不与某个 CAD/CAM 软件绑定；语言流畅，叙述深入浅出，通俗易懂，是读者学习技术英语的好教材。

⑤（德）贝尔特·比勒费尔德、（西）伊莎贝拉·斯奇巴[14]，高等院校土建学科双语教材：工程制图，中国建筑工业出版社出版，2011。

该教材目录见表 2-1。

表 2-1 《工程制图》教材目录

章 号	章 名	章 号	章 名	章 号	章 名
1	序	11	比例	21	施工图
2	投影分类	12	图形填充	22	专业图纸
3	俯视图(屋顶平面图)	13	文字标注	23	图纸的表现方法
4	平面图	14	尺寸标注	24	图纸的组成
5	立面图	15	制图步骤	25	图签
6	剖面图	16	定项基础	26	图纸布局
7	三维视图	17	初步设计图	27	附录
8	表现原则	18	表现图	28	符号
9	辅助工具	19	设计图纸	29	标准
10	图纸规格和类型	20	设计许可		

2.2.2 国内优秀制图教材

①杨惠英、王玉坤[15]主编,机械制图(机类、近机类)(第 3 版),清华大学出版社,2011。

该教材是普通高等教育"十一五"国家级规划教材的修订版。全书共 15 章,内容主要包括:制图的基本知识,国家标准《技术制图》的基本规定,几何作图、徒手绘图的基本技能,正投影法的基本原理,点、直线、平面的投影及其相对位置,投影变换,基本体的投影,体表面的交线(截交线、相贯线),组合体的画图及读图方法,机件图样的画法,尺寸标注的基础知识,轴测图,螺纹及螺纹紧固件,机械常用件及标准件,零件图,零件的技术要求,装配图,AutoCAD 绘图实例等。该教材配有多媒体电子教案、三维模型图和参考答案。针对学生"听课易懂、做题难"的特点,增加例题,采用三维模型图与二维视图相对照,同时采用双色印刷,演绎空间分析及投影分析的基本方法及绘图步骤,重在绘图与读图能力和空间想象、空间思维能力的培养。安徽工业大学多年来使用该教材作为机械类和近机械类制图课程教材,课程团队的图学知识体系认知大部分来自该教材,从中受益匪浅。

②何斌、陈锦昌、王枫红[16]主编,建筑制图(第六版),高等教育出版社,2010。

该教材是普通高等教育"十一五"国家级规划教材。全书共 19 章,包括绪论、制图基本知识,投影的基本知识、曲线和曲面、建筑形体的表达方法、轴测投影等画法几何部分,也包括建筑施工图、结构施工图、建筑装修施工图、给水排水工程图、阴影、透视投影、标高投影、机械图等工程图部分,计算机绘图。为配合双语教学,书后还附有"英文目录"和"英汉词汇对照"。该教材书后附有学习辅导光盘,还配有电子教案。安徽工业大学多年来使用该教材作为建筑类制图课程教材,学习到相关国家标准、建筑规范等。

综合比较国内外制图教材,可以发现它们在内容、结构和教学方法等方面存在一定的差异。

1. 教材内容

国内教材通常注重基础知识和技能的传授，如制图的基本知识和基本技能、投影法及点、直线和平面的投影等。国内教材往往涵盖了图学的基础知识和基本技能，并在一定程度上结合了工程实际。更加注重实际应用和创新思维的培养。例如，美国的图学教材可能包含更多与工程实际相结合的案例，以及更多的实践练习和项目。此外，国外的教材通常更新较快，及时反映图学领域的最新发展和技术。

2. 教材结构

国内教材往往按照知识体系进行编排，从基础知识开始，逐步深入到更高级的内容。每个章节通常包括理论知识、例题和习题，注重知识的系统性和完整性。国外教材更加注重问题的引入和解决过程，通过实际问题引导学生逐步学习和掌握制图技能。

3. 教学方法和手段

国内教材通常注重理论讲解和习题练习，通过大量的习题来帮助学生巩固所学知识。近年来，国内教育也逐渐开始注重实践教学和创新能力的培养，但在具体实施上可能还存在一定的差距。

国外教材更加注重实践教学和项目驱动，通过实际项目来锻炼学生的制图技能和应用能力。国外教育还注重利用现代技术手段辅助教学，如使用计算机软件、多媒体教学等，以提高教学效果。

国内外制图教材各有其特点和优势。国际化教育需要培养学生的国际视野和跨文化交流能力，因此，国内制图教材也需要不断适应时代发展的需要，进行持续的改进和创新。

2.3　《建筑制图》教材建设案例

2.3.1　团队教材建设基本情况

安徽工业大学制图课程团队有丰富的教材编写经验，主编国家级规划教材 1 部，高等学校规划教材 6 部，参编制图和创新创业类教材 12 部，获评省一流教材建设项目 3 部。

如第 1 章所述，解决课程痛点的方案之一就是编写适合学情的教材。课程团队 2017 年根据课程改革需要和课程内容重构方案启动教材编写计划，于 2018 年出版第一版课程配套教材《建筑制图》[17]《建筑制图习题集》[18]。

2.3.2　教材内容

教材编写以本科毕业要求 12 条内容为指导，学习者通过学习能够使用现代化工具和工程知识分析问题，提出解决方案，贯彻国家标准；通过课程答辩和小组讨论方式锻炼团队协作与沟通能力，通过教材中的线索自学拓展内容，达到自主学习的目的。编写过程中融入计算机绘图的内容，加强三维图形的表达及构形训练，拓宽了传统建筑制图课程的范围。

教材中增加"我心中的房子"BIM 项目设计章节，前面的每一章节均对项目设计起到支撑作用。学习者用创新思维方法对房子进行概念设计，用制图知识去表达自己心中的建筑，通过先进制图技术使自己的房子别具一格并展示给他人。这种项目贯穿课程始终的学习方式更有利于学习者创新性思维的养成，也为后续专业课学习起到铺垫的作用。

章节目录见表2-2。

表2-2 《建筑制图》教材编写目录

章	节	章	节
第1章 制图基本知识	1.1 制图国家标准基本规定	第7章 建筑施工图	7.1 施工图概述
	1.2 绘图工具和仪器的用法		7.2 与建筑施工图有关的国家标准
	1.3 几何作图		7.3 建筑总平面图
	1.4 平面图形画法		7.4 建筑平面图
第2章 投影基础	2.1 投影法及其分类		7.5 建筑立面图
	2.2 点的投影		7.6 建筑剖面图
	2.3 直线的投影		7.7 建筑详图
	2.4 平面的投影	第8章 结构施工图	8.1 概述
	2.5 曲线和曲面		8.2 钢筋混凝土基本知识
第3章 基本体与叠加体	3.1 体的三面投影		8.3 基础平面图和基础详图
	3.2 平面体的投影及其表面取点线		8.4 楼层结构平面图的阅读
	3.3 曲面体的投影及其表面取点线		8.5 钢筋混凝土构件详图
	3.4 复杂基本体	第9章 设备施工图	9.1 概述及国家标准
	3.5 叠加体		9.2 暖通空调施工图
第4章 形体表面交线	4.1 截交线		9.3 给水排水施工图
	4.2 相贯线		9.4 电气施工图
	4.3 同坡屋面	第10章 机械图	10.1 概述
第5章 建筑形体表达方法	5.1 建筑形体的视图选择		10.2 标准件与常用件
	5.2 建筑形体的画法		10.3 零件图
	5.3 建筑形体的尺寸标注		10.4 识读装配图
	5.4 剖面图	第11章 计算机绘图	11.1 AutoCAD基础
	5.5 断面图		11.2 天正建筑软件
	5.6 简化画法	第12章 建筑制图课程设计	12.1 概述
	5.7 第三角画法简介		12.2 建筑概念设计
第6章 轴测图与透视图基本知识	6.1 轴测投影		12.3 建筑概念的表现
	6.2 透视投影	参考文献	

2.3.3 改版情况

课程团队于2022年出版第二版课程配套教材[19]，属于课程持续改进成果。在内容上增加"图学源流枚举"环节，根据每一章的知识点挖掘中国优秀传统图学文化作为课程思政元素之一。教材表现形式更加丰富，采用双色印制，配有数据资源二维码，属于新形态教材。

　　两版教材比较见图 2-1。第二版习题集[20]新增创意构形设计和针对课程痛点的项目设计题目，编排更注重知识的基础—进阶—高阶性。

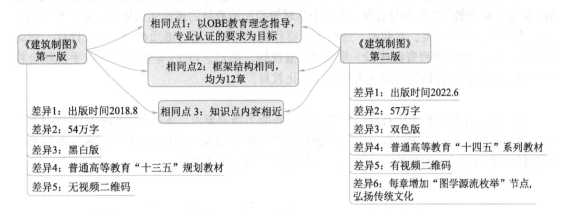

图 2-1　两版《建筑制图》教材比较

2.4　《AutoCAD 基础与应用教程》立体化教材建设案例

2.4.1　相近教材研究

　　国内 AutoCAD 基础教程种类较多，教材分别以不同版本的软件进行介绍，有的偏重于理论，文字性内容较多；有的偏重于实践，图片类内容较多。竞赛类教材较少。有特色的教材如下：

　　①赵剑波、杨金凯[21]主编的《AutoCAD 中文版基础教程》(ISBN 978-7-118-07915-9)打破了"满堂灌"的教学模式，将各命令有针对性地融入每个项目中，内容充实，实例丰富。全书共分四篇，包括基础篇、技巧篇、应用篇和提高篇。项目包括：三视图、简单建筑图、电气原理图、零件图、装配图等。

　　②姜春峰、武小红、魏春雪[22]主编的《AutoCAD 2020 中文版基础教程》(ISBN 978-7-515-35221-3)以 AutoCAD 2020 为基础，针对居室办公空间设计，系统介绍了 AutoCAD 2020 的基础知识，并以大型案例的形式讲解了绘制 AutoCAD 施工图的完整流程。

　　③东南大学董祥国[23]教授编写的《AutoCAD 2020 应用教程》(ISBN 978-7-564-19401-7)以 2020 版 AutoCAD 软件为基础编写，系统地阐述了用 AutoCAD 进行设计绘图、项目组织的方法，紧密联系工程实例，强调操作技能的训练，突出解决实践问题能力的培养。应用部分包括建筑类竞赛，使用该教材的高校较多。

　　④安徽工业大学全基斌[24]教授编写的《AutoCAD 基础教程》(ISBN 978-7-115-52708-0)以 AutoCAD 软件为平台，结合工程图的实际应用，系统阐述了计算机绘图的基本操作、绘图技巧，坚持以操作技能为核心，以工程图作图过程为导向突出作图基础、工程应用等特点。该教材理论基础深厚，上机实例由浅入深层次分明，是机械类 CAD 教材中的精品。

2.4.2 教材特色

刘庆运、贾黎明、仝基斌[25]主编的"建筑 CAD"课程配套教材《AutoCAD 基础与应用教程》是受董祥国教授所编教材启发，参考仝基斌教授所编教材的理论知识体系，融入专·创·美教改内容，将建筑类、水利类、道桥类竞赛作为应用篇，通过纸质教材、CAI 课件、试题库(含竞赛)、网络课程资源建设、资料库(微视频、图形、PPT)等多方位建设手段联合构筑既有基础知识又有创新实践的新形态立体化教材。

1. 专·创·美特色

新工科人才培养要求中有跨学科融合和创新能力培养要求，本教材的结构体系按照新工科人才培养要求进行设置。专·创·美融入制图类课程是课程团队 2016 年实施教改以来一直坚持的跨知识域课程改革的特色之一，其改革框架如图 2-2 所示。

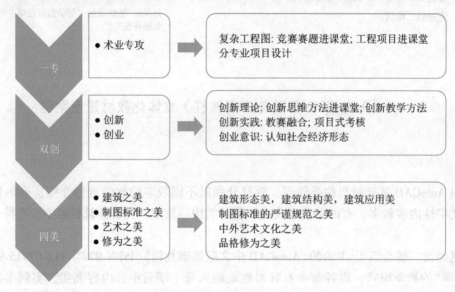

图 2-2 专·创·美特色框架

一专：将竞赛赛题和工程项目引进课堂，学生能够通过复杂工程图对课程的应用有所理解。项目考核时不同专业考察点倾向不同。

双创：将创新理论融入课堂，学生可以用创造性思维方法去解决问题；通过赛教融合的创新实践，学生可以应用现代化工具和制图知识解决复杂工程图问题；通过项目式考核，学生能够应用创新方法解决创新性问题，并认知社会经济形态。

四美：通过在工程图环节对于人类伟大建筑美的理解，增加专业认同感和职业自豪感；通过制图标准的学习，养成遵守标准绘制工程图的职业素养；通过中外艺术文化之美的欣赏和实操，练就一双发现美的眼睛，具备在工作中改善环境、创造美的能力；通过参与项目式考核，学生能够客观认识自我和评价他人，锻炼专业能力、社会能力和方法能力等，塑造优秀的品格。

2. 课程思政与传统文化传承特色

课程组认真学习领悟党的二十大精神，在图块和图案填充章节引入中国传统图案文

化和绘画内容，以体现中华民族五千多年的灿烂文化。将美术基础知识中的色彩基础与
AutoCAD 功能融合起来，读者可以在练习基本命令的同时锻炼创新思维和艺术思维能力。
设置企业 LOGO 绘制环节，学习者可以通过企业创想和 LOGO-CAD 绘制对中国行业文化
有所了解。

3. 数字技术特色

利用数字技术提升教学效果。纸质教材配置二维码，学生通过手机可以学习微视频、彩
图、竞赛题库等数字资源。

利用网络资源建设实现无纸化教材学习。通过 CAI 课件制作、教学方案、教学计划、
课件 PPT、动画、案例库、竞赛题库、拓展知识库等构建新形态立体化教材。

教材建设团队有丰富的网络课程资源建设经验，所建"工程建筑制图"课程已上线国家
高等教育智慧教育平台，目前有二十余所高校共 5 000+学生选课。

教材建设团队有丰富的微课程制作经验，目前已建的微视频如图 2-3 所示。项目建设期
间，将对各章节进行细化，微视频量将是现有资源的 4 倍。

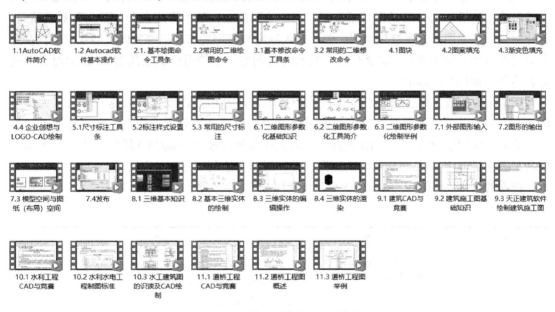

图 2-3 教材配套微视频

4. 校行企合作特色

教材编写中邀请行业、企业人员深度参与教材开发，实现校、行、企多元化结合与
合作。

《AutoCAD 基础与应用教程》的主审人员为建筑行业资深专家陈德鹏教授，参编人员除
本校教师团队外还有皖江工学院、马鞍山学院、南宁学院等优秀竞赛指导教师，对教材知识
体系的实用性与创新性均具有建设性的指导作用。

教材团队与企业有多次合作，在师生培训、竞赛培训等方面多有受益。获批的产学合作
项目有：

①专·创·美融合的 CAD 课程改革与实践（课题号：231003596151251），教育部产学合

作协同育人项目，2024。

②工管交叉的课程师资培训（课题号：231107038155758），教育部产学合作协同育人项目，2024。

③基于学银在线的图学课程数字化资源建设（课题号：Ceal2023023），中国电子劳动学会 2023 年"产教融合、校企合作"教育改革发展课题，2023。

④工科课程专创融合的理论与实践研究（课题号：Ciel2022003），中国电子劳动学会"产教融合、校企合作"教育改革发展课题，2022。

⑤工程建筑制图课程专创美育融合的改革与实践研究（课题号：202102338022），教育部产学合作协同育人项目，2021。

⑥新工科背景下的图学师资培训（课题号：202102011015），教育部产学合作协同育人项目，2021。

5. 纸版教材内容规划较全面

教程以 AutoCAD 2021 为操作平台，兼顾 AutoCAD 2010 以上版本，分为上下两篇。上篇是基础篇，包括 AutoCAD 绘图环境设置、基本绘图命令、基本修改命令、图块和图案填充、尺寸标注、二维图形的参数化绘图、图形输入输出与打印发布、三维实体造型基础等，在图案填充章节融入中国传统图案文化、名画欣赏等内容。上篇可以满足所有 CAD 学习者和爱好者的基本知识学习需求。

下篇是应用篇，以全国大学生先进成图技术与产品信息建模创新大赛、华东区大学生 CAD 应用技能竞赛赛题的基本绘图和读图要求为指导展开，分为土建类、水利类和道桥类三个方向，应用篇引入国产 CAD 软件——天正建筑软件辅助 AutoCAD 绘制工程图。下篇可以满足五大赛项中 CAD 考核部分的国家标准和识读与绘制工程图知识需求。

根据教材规划，制定《AutoCAD 基础与应用教程》章节目录，见表2-3。

表2-3 《AutoCAD 基础与应用教程》章节目录

篇	章	节
上篇 AutoCAD 基础篇	第 1 章 AutoCAD 绘图环境设置	1.1 AutoCAD 软件简介
		1.2 Autocad 软件基本操作
	第 2 章 基本绘图命令	2.1. 基本绘图命令工具条
		2.2 常用的二维绘图命令
	第 3 章 基本修改命令	3.1 基本修改命令工具条
		3.2 常用的二维修改命令
	第 4 章 图块和图案填充	4.1 图块
		4.2 图案填充
		4.3 渐变色填充
		4.4 企业创想与 LOGO-CAD 绘制
	第 5 章 尺寸标注	5.1 尺寸标注工具条
		5.2 标注样式设置
		5.3 常用的尺寸标注

续上表

篇	章	节
上篇 AutoCAD 基础篇	第 6 章 二维图形的参数化绘图	6.1 二维图形参数化基础知识
		6.2 二维图形参数化工具简介
		6.3 二维图形参数化绘制举例
	第 7 章 图形输入、输出与打印发布	7.1 外部图形输入
		7.2 图形的输出
		7.3 模型空间与图纸(布局)空间
		7.4 发布
	第 8 章 三维实体造型基础	8.1 三维基本知识
		8.2 基本三维实体的绘制
		8.3 三维实体的编辑操作
		8.4 三维实体的渲染
下篇 AutoCAD 应用篇	第 9 章 建筑 CAD	9.1 建筑 CAD 与竞赛
		9.2 建筑施工图基础知识
		9.3 天正建筑软件绘制建筑施工图
	第 10 章 水利工程 CAD	10.1 水利工程 CAD 与竞赛
		10.2 水利水电工程制图标准
		10.3 水工建筑图的识读及 CAD 绘制
	第 11 章 道桥工程 CAD	11.1 道桥工程 CAD 与竞赛
		11.2 道桥工程图概述
		11.3 道桥工程图举例
参考文献		

本教材在新工科人才培养要求的指导下,将专·创·美融入教材,将竞赛实践和项目式考核作为学习效果检验的标准之一,将课程思政与传统文化传承作为教材需承担的责任,利用多种数字技术构筑立体化教材,通过校行企合作深化教材建设深度,通过学习经典教材编制完善的内容体系,以期实现"以学生为中心"的人才培养成效,便于更好地向全国推广。

本教材是省级教研项目——"双创"+"美育"融入工科课堂的路径探索(2020jyxm0220)的总结性成果之一,其讲义是 2020 年省级线上教学优秀课堂"建筑 CAD"的获评依据。

含有 CAD 教学资源的本校课程群"工程建筑制图"网课资源上线国家高等教育智慧教育平台。课程团队将 CAD 教改应用于学生创新实践,2019—2023 年指导学生获得省级以上竞赛奖项 210 项。

参考文献

[1]　吴岩. 深化"四新"建设 走好人才自主培养之路[J]. 重庆高教研究, 2022, 10(3): 3-13.

[2]　陆国栋, 张力跃, 孙健. 终结一本教科书统治下的教学[J]. 高等工程教育研究, 2015(1): 17-24.

[3] 赵志强. 高校立体化教材建设思考[J]. 北京印刷学院学报, 2005(1): 78-80.

[4] 王恬, 阎燕. 加强教材建设 助力人才培养[J]. 中国大学教学, 2013(9): 93-95+92.

[5] 刘叶. 高校融媒体教材建设与实践探究——以广告专业课程为例[J]. 新闻研究导刊, 2024, 15(4): 115-117.

[6] 李润珍. 从高校外语教材出版看新形态教材建设如何讲好中国故事[J]. 科技与出版, 2023(12): 78-86.

[7] 田曦, 李红艳, 刘红波, 等. 浅谈高校立体化教材建设[J]. 互联网周刊, 2023(23): 48-50.

[8] 张敏瑞. 高校双语教学的教材建设和使用[J]. 北京大学学报(哲学社会科学版), 2007(S2): 273-274, 277.

[9] 王慧芳. 新时代高校"课程思政"改革背景下教材体系建设研究[J]. 教育教学论坛, 2018(34): 158-159.

[10] E. French. 工程制图与图形技术[M]. 焦永和, 译. 北京: 清华大学出版社, 2007.

[11] Gary R. Bertoline. 图形信息表达基础教程[M]. 梁文慧, 王政彦, 译. 北京: 清华大学出版社, 2007.

[12] 延森. 工程制图基础[M]. 5 版. 北京: 清华大学出版社, 2009.

[13] 扎伊德. 通晓 CAD/CAM[M]. 北京: 清华大学出版社, 2007.

[14] 比勒费尔德, 斯奇巴. 高等院校土建学科双语教材: 工程制图[M]. 北京: 中国建筑工业出版社出版, 2011.

[15] 杨惠英, 王玉坤. 机械制图[M]. 3 版. 北京: 清华大学出版社, 2011.

[16] 何斌, 陈锦昌, 王枫红. 建筑制图[M]. 6 版. 北京: 高等教育出版社, 2010.

[17] 贾黎明, 汪永明. 建筑制图(微课版)[M]. 北京: 中国铁道出版社, 2018.

[18] 贾黎明, 张巧珍. 建筑制图习题集(微课版)[M]. 北京: 中国铁道出版社, 2018.

[19] 贾黎明, 汪永明. 建筑制图[M]. 2 版. 北京: 中国铁道出版社有限公司, 2022.

[20] 贾黎明, 张巧珍. 建筑制图习题集[M]. 2 版. 北京: 中国铁道出版社有限公司, 2022.

[21] 赵剑波, 杨金凯. AutoCAD 中文版基础教程[M]. 北京: 国防工业出版社, 2012.

[22] 姜春峰, 武小红, 魏春雪. AutoCAD 2020 中文版基础教程[M]. 北京: 中国青年出版社, 2019.

[23] 董祥国. AutoCAD 2020 应用教程[M]. 南京: 东南大学出版社, 2020.

[24] 仝基斌, 裴善报. AutoCAD 基础教程[M]. 北京: 人民邮电出版社, 2020.

[25] 刘庆运, 贾黎明, 仝基斌. AutoCAD 基础与应用教程[M]. 北京: 中国铁道出版社有限公司, 2023.

第3章 创新创业教学设计

3.1 双创教育与"新工科"理念

新工科的建设理念形成于 2017 年，天大行动①内容包括：

①探索建立工科发展新范式。

②问产业需求建专业，构建工科专业新结构。

③问技术发展改内容，更新工程人才知识体系。

④问学生志趣变方法，创新工程教育方式与手段。

⑤问学校主休推改革，探索新工科自主发展、自我激励机制。

⑥问内外资源创条件，打造工程教育开放融合新生态。

⑦问国际前沿立标准，增强工程教育国际竞争力。

3.2 "双创"在国内外高等院校的研究现状

3.2.1 国内高校在专业课教学中融入"双创"教育比较典型的案例

山东第一医科大学田娟等[1]在"双创"教育理念的指导下，打破学科壁垒，对不同学科模块进行交叉融合，体现医工特色，实现跨学院、跨学科、跨专业培养。从转变教育理念、优化课程设置、改进教学方法、更新教学内容、转换师生角色等方面，积极探索建立具有医工结合特色的教学模式。

南京航空航天大学贾银亮[2]在专业课中进行"双创"教学改革试点，从教育理念、课程内容、教学模式、教学评价等方面提出教改建议。

北京科技大学于浩等[3]在"新工科"建设的指引下，构建"专业知识+创新创业教育+创新创业实践"的人才培养模式体系。具体方案是：通过建立学科群、采用慕课网络授课模式、增加情景教学和案例教学、举办课堂双创比赛等方式达到逐步改进课堂教学模式和方法的目的。通过校企联合制定毕业设计的培养目标和培养方案，协同合作培养学生，促进学生全流程意识、创新思维和创新能力的培养，吸引行业企业参与到教育教学环节。

安徽工业大学贾黎明等[4]将创新创业环节融入制图课堂教学，是在"新工科"理念指导下的教学创新设计，以学生志向和兴趣为导向，通过创新理论、创新实践和创业意识进课堂拓展学生创新思维和经济社会认知能力。实施教学方法改革，将创新理论引入课堂教学；以

---

① "新工科"建设行动路线（"天大行动"）。

项目设计和学生竞赛进行创新实践和创业教育。将企业创想作为创新创业教育的概念设计环节融入课程，将企业 LOGO 设计作为美育内容向课堂渗透，达到专业教育、创新创业教育、美育融合。通过教学改革，提升了课程教学成效。

3.2.2 国内学者对国外高校双创教育现状研究分析

王晨曦等[5]（2020）认为，美国高校专业设置比较宽泛，学生通过多学科交叉领域综合学习创新思维能力得以激发；美国的小班授课方式更有利于师生互动交流，保证了知识信息的准确传达和反馈，教师可以根据学生的不同特点，因材施教、扬长避短。德国高校大学生每学期没有固定的必修学分限制，而是可以自由规划学分，学生通过课程的合理安排，增加学习的自主意识，激发创新能力。德国讲授专业知识时，往往会从最基础的数学或物理出发，引导学生从科学理论基础学习自己的专业知识，从而产生新观点、新想法。作者针对电子封装专业提出以基础课程体系支撑创新人才培养、加强校企合作、重视师资队伍建设等三点建议，以保障电子封装专业人才创新能力培养。

田丽等[6]（2020）认为，西方发达国家高校注重培养学生的创业意识和能力。如美国注重培养学生的创业能力，日本高校注重培养学生的"企业家精神"。国外高校创新创业教育有重实践、体系性强、产学研相结合的特点。针对不同阶段的学生安排以创业为目的的课程。国外高校坚持理论和实践相结合，通过举办创业大赛、创业论坛、创业项目实训等多种实践活动来验证理论；通过模拟企业生产经营的真实情况，提高创业项目实践的可能性，同时实现与企业实际活动的完美对接。国外高校的创新创业师资队伍由专职教师和兼职教师组成，专职教师一般为创造学领域博士或者经过专门的训练，兼职教师一般由社会上具有丰富经验的成功企业家或创业者担任。作者肯定了国内以清华大学、中国人民大学等为试点院校的创新创业教育模式体系，并提出我国高校双创教育的对策：将就业教育理念转变为创新创业教育理念。完善课程体系，改进教学模式，加强专创融合，在专业课程中进行实践。加强师资队伍建设，通过师资培训提高教师的专业能力和创新创业教育的理论水平，鼓励教师到企业去，培养"双师型"教师。

张燕妮[7]（2020）从法国创新创业生态体系特征、法国创新创业教育现状着手分析法国创新创业现状，认为法国高校创新创业教育占有极其重要的地位。其创新创业理念包括企业家精神教育、创业情境教育和创业文化教育，创新创业教育模式包括政府计划初始化、高校政策制度化、产学研一体化，创新创业教学方法包括项目教育法、商业计划书教育法、体验式教育方法等。作者提出对我国创新创业教育的启示：大力发展创新创业教育能改善大学生的创业态度和创业行为；积极落实政府的政策，切实推进创新创业教学改革；多方面共同协作，形成良好的创新创业生态系统。

车畅[8]（2017）研究加拿大"Co-op"带薪实习计划发现，加拿大"Co-op"教育模式是学校优势工科专业与当地企业之间合作，这些企业和他们的多个国家雇主为学校本科课程提供带薪实习渠道和国际实习机会。该模式可以形成互惠多赢的高校和社会联合培养人才模式，切实提升青年学生就业能力、激发创新创业活力。在该模式中，政府是"人才库项目的投资商、政策的守护神和条件平台的助力器"。作者认为，加拿大"Co-op"模式对我国有借鉴意义：解决我国高校人才培养的"重理论轻实践"问题，促进培养青年学生创新热情和创业思维；可以缓解就业压力；优化市场资源配置，降低资源浪费，促进社会公平；有助于解决创业风险过于集中、创业资金难以申请的问题，创建互利多赢的新局面；有利于提升市场竞争力，促进企业成为技术创新主体。作者对我国创新创业工作提出以下建议：强化政府推动青年学生创新创业的服务职能；搭建校企创新创业引导支撑体系；将带薪实习模式纳入高校创业教育体系；做好优势学科的校企合作对接；开辟青年学生创新实习海外渠道。

徐栩[9]（2023）以英国沃里克大学创新创业教育课程作为研究对象，从课程目标、课程结构、课程内容、课程教学以及课程师资五个方面对其课程建设进行了深入分析，总结出沃里克大学创新创业教育课程建设的成功经验与启示。作者认为，我国应从认知、技能、情感、应用等多个层次重建课程目标；积极探索创新创业教育课程新类型，重视课程间的逻辑性与连续性；丰富专创融合性课程内容，实现专业教育与创新创业教育的双向促进；增加课内实践性、情境性等教学方式，课外搭建创新创业实践平台作为补充；拓宽创新创业人才的引进渠道，打造一支专业能力精湛的创新创业教育师资队伍。

3.3　创新理论融入制图教学设计的路径探索

3.3.1　创新思维方法概述

创造性方法属于未来导向技术分析研究方法，常用的方法有 TRIZ、创造技法等。了解这些方法，可以帮助我们扩展教学设计思路。

1. TRIZ

TRIZ[10] 是发明家根里奇·阿奇舒勒（G. S. Altshuller）等通过分析大量的创新案例和专利总结出来的发明问题解决理论。该理论的八大进化法则如下：

（1）技术系统的 S 曲线进化法则（见图 3-1）

S 曲线与技术进化法则的四个阶段包括婴儿期、成长期、成熟期和衰退期。

①婴儿期。新技术刚出现，效率低、可靠性差，且存在问题。这个阶段的风险较高，经济效益通常为负。

②成长期。技术在婴儿期之后进入成长期，性能得到快速提升，吸引大量投资，经济效益明显改善。

③成熟期。技术在这个阶段达到成熟，市

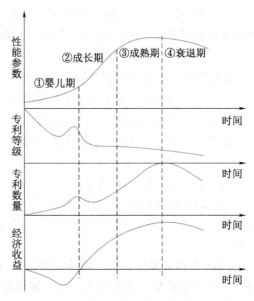

图 3-1　S 曲线与技术进化法则的四个阶段

场饱和，增长速度放缓，但仍能为企业带来利润。

④衰退期。技术和市场达到极限，用户数量增长缓慢，企业可能面临退市或倒闭风险。

技术系统的 S 曲线进化法则是本书中关于各种研究论文的统计数据分析的理论依据之一。

(2)提高理想度法则

通过增加系统的有用功能、提升功能等级、减少有害功能或实现有害作用的自我消除，以及利用可利用的资源来降低成本，从而不断提高技术系统的理想度。

(3)子系统的不均衡进化法则

该法则认为，任何技术系统的子系统进化都是不均衡的；每个子系统都沿着自己的 S 曲线、自己的时间进行进化，并在不同的时间点达到自己的极限，这种子系统的不均衡可能导致子系统间的矛盾，最先达到极限的子系统会限制整个系统的进化水平，可以考虑系统的持续改进来消除这些矛盾。

(4)动态性和可控性进化法则

可以通过更大的柔性、可移动性来增加系统的动态性；动态性的增加对可控性提出新要求。例如：固定的系统可以变成移动的系统，进一步变成可随意移动的系统；可以通过改变自由度来增加动态系统，路径可以是刚体-铰链-柔性体-气体/液体-场；系统增加可控性的路径可以从无控制-直接控制-间接控制-反馈控制-伺服控制方向思考。移动手机由直板手机到翻盖手机再到柔性手机就是改变自由度的例子。

(5)增加集成度再进行简化的法则

该法则是先加后减，先将系统功能的数量和质量进行集成，再用更简单的系统来替代。

简化路径：单-双-多路径或系统。通过实现辅助功能、组合实现相同功能的元件、应用自然现象或智能物替代专用设备等方式分别进行初级简化、部分简化或整体简化。

(6)子系统协调性进化法则

系统的各个子系统在保持协调的前提下，充分发挥各自的功能。例如：多功能炒菜机的多个动作之间需保持协调才能完成将菜炒熟这一结果。

(7)向微观级和增加场应用的法则

使用不同的能量场为技术系统从宏观系统向微观系统转化提供控制或性能等技术支持。

(8)减少人工介入的进化法则

将人们从枯燥的系统功能中解放出来，以便于去完成更具智力性的工作。可以用机器动作代替人工动作、机器能量源代替人工能量源、机器决策代替人工决策等方向实施这一法则。

TRIZ 系列有多种工具，如冲突矩阵、76 标准解答、ARIZ、AFD、物质-场分析、ISQ、DE、8 种演化类型、科学效应、40 个创新原理，39 个工程技术特性，物理学、化学、几何学等工程学原理知识库等。其中，40 个创新原理见表 3-1。

表 3-1　40 个创新原理

序号	创新原理	序号	创新原理	序号	创新原理	序号	创新原理
1	分割	11	事先防范	21	减少有害作用的时间	31	多孔材料
2	抽取	12	等势	22	变害为利	32	颜色改变
3	局部质量	13	反向作用	23	反馈	33	均质性
4	增加不对称性	14	曲面化	24	借助中介物	34	抛弃或再生
5	组合	15	动态特性	25	自服务	35	物理或化学参数改变
6	多用性	16	未达到或过度的作用	26	复制	36	相变
7	嵌套	17	空间维数变化	27	廉价替代品	37	热膨胀
8	重量补偿	18	机械振动	28	机械系统替代	38	强氧化剂
9	预先反作用	19	周期性作用	29	气压和液压结构	39	惰性环境
10	预先作用	20	有效作用的连续性	30	柔性壳体或薄膜	40	复合材料

40 个创新原理的具体解释：

①分割：将系统划分为多个彼此独立的部件；使系统可分解；提高系统被分割的程度。例：百叶窗代替窗帘（见图 3-2）。

②抽取：将影响系统正常功能的部件或功能挑出并隔离；将系统中唯一有用或必要的功能或属性挑出并隔离。例：用猫叫声代替猫警示老鼠（见图 3-3）。

③局部质量：将系统结构由一致改为不一致，将外部环境或外部作用由一致改为不一致；使系统各部件在最适于其运作的条件下发挥功能；使系统各部件实现的功能有差异且有用。例：餐盒（见图 3-4）。

图 3-2　百叶窗代替窗帘遮阳　　　图 3-3　猫叫声代替猫警示老鼠　　　图 3-4　多格餐盒代替碗

④增加不对称性：如果对称的形状无法满足系统功能要求，将对称的形状改为非对称；对于非对称的系统，则提高非对称的程度。例：不对称家具（见图 3-5）、凸轮机构。

⑤组合：将相同或相似的物体或部件结合或合并；使操作相邻或并行，并及时相结合。例：书桌带书架组合家具（见图 3-6）。

⑥多用性：使同一部件或系统实现多个功能，减少部件数。例：多功能榨汁机（见图 3-7）。

图 3-5　不对称家具　　　　图 3-6　书桌带书架组合　　　　图 3-7　多功能料理机

⑦嵌套：将一个物体放入另一物体，依次将各物体放入另一物体；使一个部件穿过另一部件的腔体。例：千斤顶，伸缩吸管，折叠碗，俄罗斯套娃，伸缩教鞭（见图 3-8）。

⑧重量补偿：为补偿一个物体带来的重量增加，将它与可提供升力的物体合并；为补偿一个物体带来的增重，使它与环境发生作用，产生空气动力、水动力、浮力及其他力。例：导弹发射器、用气球携带广告条幅（见图 3-9）。

⑨预先反作用：若有必要采取兼具有用和有害作用的行为，应在其后用相反的行为替代该行为，以控制有害作用；提前在物体内施加压力，以平衡其后会出现的不希望的工作压力。例：预应力钢绞线施工（见图 3-10）。

图 3-8　伸缩教鞭　　　图 3-9　充气增加升力的充气跳舞气球　　图 3-10　预应力钢绞线施工

⑩预先作用：将所要求的行动全部或至少部分地预先进行；将物体组织起来，使物体运作时从最方便的位置出发，运作过程中避免因等待而浪费时间。例：道路标示牌（见图 3-11）。

⑪事先防范：为补偿物体相对低的可靠性，提前准备应对措施。例：预防接种疫苗、楼道应急照明灯、汽车安全气囊（见图 3-12）、防火通道。

⑫等势：在潜在的场中限制物体的位置改变，例，在重力场中改变物体的操作环境，以

避免升降物体带来的矛盾。例：工厂车间辊式传送带（见图 3-13）。

图 3-11　道路标识牌

图 3-12　汽车安全气囊

图 3-13　辊式传送带

⑬反向作用：实施与问题的要求相反的行动；使系统中原静止部件运动，原运动部件静止；将系统颠倒。例：火箭发射，机床的工件转动（见图 3-14）、刀具固定。

⑭曲面化：用带曲线的结构取代直线型的结构表面，将平面改为曲面，将平面体改为球形结构；使用可滚动的形体；将线性运动改为旋转运动，使用离心力。例：台灯灯罩、机械结构中的过渡圆角、螺旋楼梯（见图 3 15）、滚筒洗衣机。

图 3-14　机床上的工件加工

图 3-15　螺旋楼梯

⑮动态特性：不断改变系统或其环境的参数，使之始终处于最适合各个工作循环的状态；将系统划分为几个可做相对运动的部件；如果系统是静止的，使之运动或可转化。图 3-16 为折叠椅凳。

⑯未达到或过度的作用：如果采用一种解决方法难以达到百分之百的效果，则用该方法实现稍差一点或稍过头一点的效果，使问题的解决变得容易。

例：超冗余机器人（见图 3-17），采用了冗余系统设计，使得机器人在某些关键部位出现故障时仍然能够继续正常工作。在航空航天、工业自动化等领域，超冗余机器人可以提供更高的安全性和鲁棒性。

⑰空间维数变化：将物体在一维空间的问题转移到二维空间解决，将物体在二维空间的问题转移到三维空间解决；将层次单一的系统转变为多层次的系统；将物体转动、倾斜；把问题转移到物体的相邻区域或反面上。例：双层巴士（见图 3-18）、立体车库（见图 3-19）。

南京将建成国内首座垂直盾构技术沉井式车库，深入地下 25 层、可停 200 辆车，深井的中央空间为升降平台，可 360°旋转停在任何一层。停车如同坐电梯，车主把车交给停车系统后，车辆可以自动停至指定泊位。

图 3-16　折叠椅凳

图 3-17　超冗余机器人

图 3-18　双层汽车

图 3-19　立体车库

⑱机械振动：使物体震荡或振动；如果需要，可以增加频率至超声波波段；利用物体共振频率实现某种功能；用压电振荡器替代机械振荡器；将超声与电磁振动组合使用。例：超声波清洗精密仪器（见图 3-20）、振动上料机（见图 3-21）。

图 3-20　超声波清洗眼镜仪器

图 3-21　打夯机

⑲有效作用的连续性：用周期性或规律性的行为取代连续的行为；如行动已经是周期性的，则改变周期的振幅与频率；充分利用周期间隔执行其他操作。例：时钟的指针、点焊。

⑳有用行为的持续性原则：使物体的所有零部件在所有时间满负荷地持续工作；取消工作中的无用及不连贯行为。

例：病人按时吃药；教师讲课时尽量避免不必要的口头禅等与授课内容无关词句或行为。

㉑减少有害作用的时间：快速通过特定的过程或阶段(如破坏性的、有害的、危险的操作)。例：切割机切割薄的塑料管时，通过加快切割的速度来防止管子在切割过程中变形(在管子还未变形之前完成切割过程)；医院设立急诊室；照相闪光灯。

㉒变害为利：利用有害因素(特别地，如环境与周围事物的有害作用)达到积极的效果；为消除主要的有害行为而将其加入另一个有害的行为；将有害因素扩展到不再有害的程度。例：建筑给排水系统中的中水系统属于废水再利用；当使用高频电流加热金属时，只有外层被加热，这一消极效应后来被用来做表面热处理。

㉓反馈：引入反馈以改进过程或行动；若反馈已存在，则改变其大小与影响。例：电脑的数据处理器；飞机接近机场时改变自动驾驶系统的灵敏度。

㉔借助中介物：引入中间过程或使用媒介物；将物体与其他易于移动的物体暂时结合。例：帆船的航行借助风力；饭店上菜时使用托盘。

㉕自服务：使物体实施有益的辅助功能，自我服务；利用浪费的材料、能量或物质。例：综合养猪场模式中，养猪业废弃物作为农田肥料用于种植业，农产品或废弃物又可以作为养猪业的饲料。有"猪+X"、"猪+沼+X"多配套循环模式等，X表示菜、果、茶、藕、稻等。

中意清华环境节能楼(图3-22)是一座融绿色、生态、环保、节能理念于一体的智能化教学科研办公楼，该楼由意大利著名建筑设计师马利奥·古奇内拉设计，是一座高40 m的退台式 C 型建筑，集成应用了自然通风、自然采光、低能耗围护结构、太阳能发电、中水利用、绿色建材和智能控制等国际上最先进的技术、材料和设备，充分展示人文与建筑、环境及科技的和谐统一。

图 3-22　中意清华节能楼

㉖复制：用简化而便宜的复制品取代昂贵、易碎、不易得到的物品；用光学复制品取代物体或过程；若已运用了可视的光学复制品，则转用红外或紫外复制品。例：证件的复印件；郊外野餐时使用一次性碗盘。

㉗廉价替代品：用多个廉价、具有一定质量的产品取代一个昂贵的产品。例：一次性水杯、一次性拖鞋。

㉘机械系统替代：将机械系统转变为光学、声学或嗅觉系统；在机械系统中运用电场、磁场或电磁场；用其他场来替代。

例1：电视遥控器(见图3-23)的原理主要是基于红外线通信技术。遥控器内部装有微型红外发射器，当用户按下遥控器上的按钮(机械系统)时，发射器会从特定的红外线编码库中选择相应的编码，并以红外线的形式发送出去。电视机前方的红外传感器负责接收这些红外线信号并将其转换为电信号。电视的内部控制单元对接收到的信号进行解码，识别出具体按钮，并执行相应的功能，如切换频道、调整音量等。

例2：指纹锁（见图3-24）通过内置的指纹传感器采集用户的指纹信息，将指纹的关键特征提取出来，并创建一个唯一的指纹模板，当用户尝试解锁时，如果提取到的特征与存储的指纹模板匹配成功，则认为身份验证通过。指纹锁内部通常包含微处理器和相关的电子电路，用于处理和执行开锁、闭锁等操作，当用户输入指纹并得到确认后，电路控制部分会驱动门锁机构执行相应的动作，如开锁或闭锁。

图 3-23　电视遥控器　　　　图 3-24　指纹锁

㉙气压和液压结构：在系统中引入气体或液体零部件取代固体零部件。例：食品包装内充满稀有气体取代固体防腐剂。

㉚柔性壳体或薄膜：用柔性外壳及薄膜取代三维结构；用柔性外壳及薄膜将物体与外部环境隔离。例：蔬菜保鲜膜、手机贴膜。

㉛多孔材料：使物体多孔或加入多孔成分；若物体是多孔的，则利用孔结构引入新物质或功能。例：无砂大孔混凝土是由粗集料和水泥石胶结而成的多孔堆聚结构，由于不使用细集料（砂），故其中存在大量较大的孔洞，具有良好的透水性能，主要用来处理高密度建筑区域的雨水问题。

㉜颜色改变：改变物体或其环境的颜色或者透明度；使用带色添加剂观察难以看清的物体或过程；采用发光轨迹或示踪元素代替带色添加剂。例：士兵穿的迷彩服可以融入环境，保护士兵的安全。

同位素示踪法的基本原理是利用同位素的物理和化学性质与普通元素相似，但核性质不同的特点，通过放射性测量或质量分析技术来观察标记物质的动态。

㉝均质性：使物体与给定的由相同材料（或属性相同的材料）构成的其他物体相互作用。例：挑担子的时候均匀分配两头的重量。

㉞抛弃或再生：抛弃系统中已履行了功能的部分或在操作中直接修正它们；相反地，在操作中直接存储物体的可消耗部分。例：子弹射出后剩下子弹壳，火箭发射后的壳。

㉟物理或化学参数改变：改变物体的物理状态（如变为气态、液态或固态），改变浓度或密度，改变柔性，改变温度。例：失蜡法。首先使用蜡料（如蜂蜡、松香和牛油）制作出所需器物的模型，在蜡模上敷设耐火材料和细泥浆，形成坚硬的型壳。加热后，蜡模融化流失，留下空壳。失蜡法在中国古代青铜器（见图3-25）制作中广泛使用，有超过两千年的历

史，不仅是中国古代铸造技术的杰出代表，也是世界文化遗产的重要组成部分。

㊱相变：利用相位转变中发生的现象，如容积改变、吸热或放热等。例：为了控制有棱纹的管子的膨胀，将管子灌满水并冷却至结冰的温度。

㊲热膨胀：利用材料的热膨胀效应或收缩效应；若已利用了热膨胀原理，则利用膨胀系数不同的多种材料。例：双金属温度开关（见图 3-26）是一种常见的热敏电器件，双金属片材料的特殊性质使得在温度变化时能够产生较大的位移，从而能够迅速响应并实现温度控制。由于其结构简单，不需要外加电源或控制电路即可进行温度控制，适合在恶劣的环境中使用。

图 3-25　淅川楚墓出土的王子午鼎　　　　图 3-26　双金属温度开关

㊳强氧化剂：用富氧空气取代一般空气；用纯氧取代富氧空气；将空气或氧气暴露在电离环境；使用电离的氧气。例：潜水作业、医疗抢救、登山运动等环境中相关人员需要使用氧气瓶。

㊴惰性环境：将物体置于惰性气体环境；在系统中加入中性或惰性部件。例：为了防止仓库里的棉花着火，在运输过程中使惰性气体充满贮藏区域。

㊵复合材料：用复合材料替代由同一性质的物质组成的材料。例：复合型材具有卓越的强度、刚度，重量轻，并且可以形成任何形状，逐渐成为金属和木材等传统材料的合适替代品。常用的复合材料有玻璃纤维复合材料、Kevlar 复合材料、金属基复合材料等。

TRIZ 理论中的思维方法可以帮助学习者打破思维定势，扩展创新思维能力，也提供了科学的问题分析方法帮助学习者寻求问题的创新性解决办法。

2. 创造技法

创造技法[12]包括头脑风暴法、列举法、设问法、组合法、联想法等。

（1）头脑风暴法

头脑风暴法是由现代创造学的创始人、美国学者阿历克斯·奥斯本于 1938 年首次提出的，最初用于广告设计，是一种集体开发创造性思维的方法。组织头脑风暴活动时遵循的原则有：

①自由畅想；

②延迟批判；

③以量求质；

④综合改善；

⑤限时限人。

635 法也称为默写式"头脑风暴法"，具体操作流程是：6 个人一组，每个人在自己的卡片上提出 3 种解决方式的建议，写好之后再按顺序依次与组员重复交换 5 次，每次控制在 5 分钟内完成各自的书写和思考。

（2）列举法

列举法是指按照一定的规则列举研究对象的各种性质进而诱发创造性设想的方法。包括属性列举法、列表法、树状图法、希望点列举法、优缺点列举法等。

①属性列举法：强调观察和分析事物的属性并针对每一项属性提出可能的改进方法，或改变某些特质，使产品产生新的用途。可以列举事物的名词属性、动词属性、形容词属性等。例如：一个铝制的电水壶，包含"铝、水壶、壶盖、烧水"等多个属性，针对铝这个名词属性可以进行探讨改进。

②列表法：通过列表的形式，逐一列举出所有可能的情况或结果，便于分析和解决问题。

③树状图法：通过绘制树状图，将问题分解为不同的分支，每个分支代表一种可能的情况或结果，从而清晰地展示出所有可能性。

④希望点列举法：通过提出"希望可以""怎样才能更好"等理想和愿望，再针对这些理想和愿望提出达成的方法。例如：怎样才能使眼镜不压鼻子和耳朵？

⑤优缺点列举法：逐一列出事物的优点或缺点，进而探求解决问题和改善对策的方法。例如：列出推拉窗（见图 3-27）和平开窗（见图 3-28）各自的优点和缺点。

图 3-27 推拉窗　　　　　　　　　　　图 3-28 平开窗

（3）设问法

设问法：通过多角度提出问题并寻找思路，深入开发创造性设想，主要类型有检核表法、5W2H 法、和田 12 动词法等。

和田 12 动词法：根据 12 个动词"加、减、扩、缩、变、改、联、学、代、搬、反、定"提供的方向去设问，进而开发创造性思维。

（4）组合法

按照一定的科学原理或功能、目的，将现有的科学技术原理或方法、现象、物品做适当的组合或重新排列，得到具有统一整体功能的新产品、新形象、新技术的创造方法。

举例：生活中逐渐普及的物联网技术就是利用了多种科学技术组合的新发明，这一技术需要有信息传感设备、联网协议、联网的物体共同组成，人们可以通过信息传感设备对联网的物体实现智能化识别、定位、跟踪、监管等功能。

太阳能路灯（见图 3-29）是路灯和太阳能板组合而成的。

（5）联想法

联想法是由甲事物想到乙事物的心理过程，有相近联想、相似联想、相反联想、自由联想、强制联想等多种方法。

①相近联想：晚上 7 点——新闻联播，时间相近；北京——长城，地点相近……

②相似联想：建筑设计中的模拟法、类比法属于相似联想。模拟法包括形态模拟（见图 3-30 和图 3-31）、颜色、质感；结构模拟（见图 3-32 和图 3-33）；功能模拟（见图 3-34 蜂巢和图 3-35 蜂巢形建筑）。

图 3-29　太阳能路灯

图 3-30　花朵

图 3-31　花朵形建筑

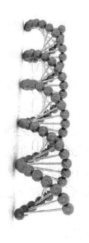

图 3-32　螺旋结构

图 3-33　螺旋形建筑

图 3-34　蜂巢　　　　　　　　　　　　　　　图 3-35　蜂巢形建筑

③相反联想：从完全相反的角度思考问题，具有挑战性强的特点，结果可能创意十足，也可能无使用价值。例如：南辕北辙，声东击西。

④自由联想：未来——穿越时空。

⑤强制联想：毫无关系的事物之间的联系。例如：长城和水杯。

还有其他创造性方法族，未一一列举。

3.3.2　融入创新理论的教学方法改革

1. 多种教学方法组合创新

在不同的知识点模块采用合适的教学方法，将创新方法融入教学过程，并通过线上线下混合式教学手段丰富课堂实效。课程中用到的教学方法见图 3-36。

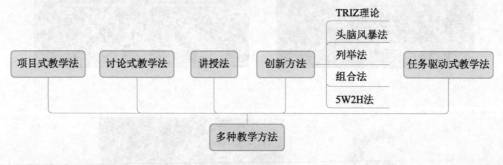

图 3-36　课程教学方法

（1）项目式教学法

该教学法以项目为核心，将学科知识与实际问题相结合，使学生在实际情境中进行学习和应用。具有如下特点：强调学生的主动参与和自主学习；鼓励学科之间的整合，使学生能够跨学科地思考和解决问题，培养综合能力；学生在项目中面临的问题能够激发他们的思维和创造力；注重对学生的评估和反思，通过评估学生在项目中的表现和成果，以及学生对项目过程的反思，来促进学生的成长和发展。在专业课中采用项目式教学法的相关知网数据及预测（前推一个周期）如图 3-37 所示。

本书第 1 章中提及的"我心中的房子"教学属于项目教学法。

（2）讨论式教学法

讨论式教学法是一种能够激发学生思维能力和创造力，促进学生积极参与课堂讨论的教学方法。实施讨论式教学法时，教师需要做好充分的准备，包括确定讨论的主题和目标、准备相关的教学材料和问题、创建良好的讨论环境等。在讨论过程中，教师需要提出具有启发性的问题，引导学生进行深入思考和讨论。同时，教师还需要对学生的表现进行评估，包括参与度、回答质量以及合作能力等方面。

图 3-37　专业课中的项目教学法相关知网数据及预测

制图教学案例：

讨论目标：叠加体读图时的多视图定形状原则。

讨论问题：已知图 3-38 主视图，有几种左视图？

讨论方式：抢答式、辩论式。

教师启发：基本体的种类和投影特点。

学生深入思考，将方案绘制在黑板上，上讲台绘制图形的同学有课堂表现平时分。

教师点评，引入多视图定形状原则，强调构形设计时需要避免的问题。

图 3-38　主视图

（3）讲授法

讲授法包括：讲述、讲解、讲读、讲演四种形式。需要教师通过语言、教材、比较分析和推理演绎等形式使学生理解和掌握理论知识。制图课程中的所有知识点都可以用讲授法完成。

（4）创新方法

如前所述，创新方法有 TRIZ、创造技法等。制图中用到的创新方法举例如下：

列举法：列举出图 3-39 所示教室中有多少种基本体类型。

默写式头脑风暴法：在"基本体与叠加体"模块的简单叠加体构形设计时，学生利用头脑风暴法通过分组讨论得出各组的构形数量进行比较，然后每组将典型结构绘制在黑板上，全班同学进行发散思维，构形数量的结果往往出乎意料，效果显著。例：已知主视图（见图 3-40），构思出不同结构的左视图。

（5）任务驱动式教学法

任务驱动式教学法是一种基于建构主义学习理论的教学方法。该方法以学生为中心，以任务为驱动，旨在通过解决实际问题来促进学生的学习和成长。实施基本环节：创设情境、确定问题(任务)等。

图 3-39　教室

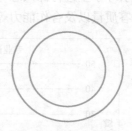

图 3-40　主视图

在企业创想与 LOGO-CAD 项目绘制环节，可以采用任务驱动式教学法。学生学习 5W2H 法之后，可以解决如何创想企业这一问题；通过学习国民经济行业标准，学生对中国经济社会和企业分布有所了解；通过学习课程网络资源，学生对如何设计企业 LOGO 这一问题有所认识；通过学习 CAD 知识和美术基础知识，学生可以将创想的企业 LOGO 用现代化工具表现出来；通过专业内投票、跨专业投票、校外专家打分、人工智能比较等环节，学生有了认识自我和认同他人的机会，自己的学习劳动得到评价和认可。

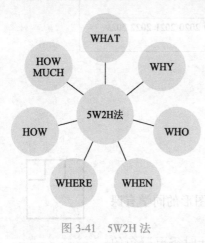

图 3-41　5W2H 法

2. 基于 5W2H 法的混合式课堂教学手段创新

课程内容重构之后知识的难度和广度都有较大提升，又需要面对各专业教学计划学时的调整，因此采用混合式课堂教学手段以适应新的教学要求。以 5W2H 法(见图 3-41)为基础、围绕课程目标(简版见图 3-42)进行课堂教学卡片设计(见表 3-2)，每个章节按照卡片调整具体内容。与传统课堂相比，更注重课前、课中和课后针对课程目标的多元化课堂教学设计(见图 3-43)。图案填充课堂教学卡片举例见表 3-3。

图 3-42　课程目标简版

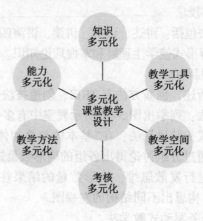

图 3-43　多元化课堂教学设计

表 3-2　课堂教学卡片

课堂教学卡片（章节）	课前		课中		课后	
	教师资源准备	学生资源准备与学习	教师课堂活动设计	学生参与课堂活动	教师课后资源准备与考核设计	学生课后学习与考核
WHAT	什么知识点？什么形式的资源？	准备什么资源？学习什么资源？	什么教学内容？什么教学方法？什么教学活动？	学到什么知识？参与什么活动？	什么课后资源？什么作业（作业内容与形式）？什么考核形式？	学习什么课后资源？做什么作业？
WHY	为什么准备这样的课前资源？（目标）	自主学习的意愿（目标）	采用这些教学方法的目的？采用这些教学活动的目的？（目标）	为什么参与这些教学活动？（目标）	为什么准备这样的课后资源？为什么这样设计作业和考核？（目标）	为什么学习这些课后资源？为什么做这些作业？（目标）
WHO	谁创建的资源？	谁参与学习？（根据意愿分等级学习）	谁组织和参与教学活动？	谁组织和参与教学活动？	谁准备这些课后资源？谁设计这些作业？谁考核这些作业？	谁学习这些课后资源？谁做这些作业？（根据意愿分等级学习）
WHEN	什么时间准备好？	什么时间学完？	什么时间节点准备什么教学活动？活动时长？	什么时间节点组织和参与什么教学活动？活动时长？	什么时间节点准备好这些资源？什么时间节点完成考核？	什么时间节点学完这些课后资源？什么时间节点完成作业？什么时间节点参与评价？
WHERE	哪里的资源？在哪里发布？	在哪里学习？	在哪儿组织和参与这些教学活动？	在哪儿组织和参与这些教学活动？	哪里的资源？在哪儿完成考核？	在哪儿学习这些资源？在哪儿完成和提交作业？在哪儿参与考核？
HOW	怎样准备这些资源？	怎样学习？	怎样组织和参与这些教学活动？	怎样组织和参与这些教学活动？	怎样准备课后资源？怎样组织考核？	怎样学习这些资源？怎样完成和提交作业？怎样参与考核？
HOW MUCH	资源准备的量是多少？	学多少？	教学活动的量是多少？是否可控？	参与教学活动的程度？	完成作业的量化要求，考核的量化标准	课后资源学到什么程度？作业做到什么程度？

表 3-3　图案填充课堂教学卡片

11.1.3 图案填充	课前	
	教师资源准备	学生资源准备与学习
WHAT	1. 录制图案填充基础知识操作视频； 2. 搜索色彩资源：色彩书籍、色彩分析软件或网站； 3. 准备工程图、美术基础、创新创业基础等数字化资源	1. 安装 AutoCAD 软件(版本自定)； 2. 下载色彩分析 App(如色采)； 3. 浏览中国传统色彩网站
WHY	1. 图案填充工程知识； 2. 工程素养； 3. 人文艺术知识和素养	1. 为了完成本节课的知识点学习； 2. 拓展知识域
WHO	1. 教师录制视频； 2. 网络共享的资源； 3. 课程已建的资源	1. 所有学生学习课程资源——图案填充第一个视频； 2. 优秀学生完成竞赛资源库相关题目
WHEN	课前两天	课前一天
WHERE	1. 课程资源网站； 2. 学习通通知、QQ 群公告	学习通、互联网
HOW	1. 自制视频； 2. 搜索资源； 3. 准备参考资源目录	1. 通过计算机下载安装软件； 2. 通过手机下载和安装色彩分析 App； 3. 通过学习通观看视频
11.1.3 图案填充	课中	
	教师课堂活动设计	学生参与课堂活动
WHAT	1. 教学内容： 图案填充命令(hatch)(基础知识)； 超级图案填充命令(SUPER hatch)(进阶知识)； 自制图案填充 APPLOAD(AP)、Yqmkpat.vlx 插件、色彩 RGB 值(高阶知识)； 2. 教学方法：任务驱动式教学法、创新思维方法； 3. 教学活动：讲授、讨论、视频、实操、随堂练习	1. 学习知识： 图案填充命令(hatch)(基础知识)； 超级图案填充命令(SUPER hatch)(进阶知识)； 自制图案填充 APPLOAD(AP)、Yqmkpat.vlx 插件、色彩 RGB 值(高阶知识)。 2. 参与活动： 听课，看视频，互动，参与两个讨论话题，一个课堂练习，一个插件安装实操
WHY	1. 图案填充工程知识能力； 2. 工程知识与素养； 3. 人文艺术知识和素养； 4. 改善满堂灌的传统课堂	1. 可以学到工程知识； 2. 拓展知识域； 3. 可以彰显个性，主动学习； 4. 获得课堂积分
WHO	教师组织教学活动	学生参与教学活动

11.1.3	课中	
图案填充	教师课堂活动设计	学生参与课堂活动
WHEN	第一节： 2 分钟：课堂目标介绍与知识点回顾；（一专） 5 分钟：组织学生图形绘制效率比较分析；（一专） 8 分钟：组织学生分组同绘，生成本次课程作业底图；（双创-创新理论） 5 分钟：课程思政+基础知识；（四美-修为之美；一专） 6 分钟：主题讨论 1——寻找图案，结果分析；（一专；四美-艺术之美） 11 分钟：工程图案，学长说；（一专） 8 分钟：组织学生实操；（一专） 第二节： 7 分钟：自定义颜色填充，色彩基础；（四美-艺术之美） 5 分钟：主题讨论 2——寻找自己喜欢的画并分析颜色；（四美-艺术之美） 7 分钟：实体填充案例实操；（一专） 6 分钟：超级图案填充进阶知识、自制图案与加载图案高阶知识讲解；（一专） 7 分钟：组织学生实操；（一专） 5 分钟：课程思政+色彩基础实操；（四美-艺术之美） 2 分钟：加载外部图案；（一专） 4 分钟：渐变色填充，抢答，随堂练习——渐变色填充（机动）；（四美-艺术之美） 3 分钟：项目布置——企业创想与 LOGO-CAD 绘制（一专，双创，四美-艺术之美）	90 分钟随机师生互动； 5 分钟学生讲图形绘制效率； 5 分钟图形同绘 22 分钟实操； 6 分钟主题讨论 1——寻找图案，结果分析； 5 分钟主题讨论 2——寻找自己喜欢的画并分析颜色； 4 分钟抢答，随堂练习——渐变色填充（机动）
WHERE	机房，学习通、QQ 群、互联网、手机 APP、电脑软件	机房，学习通、QQ 群、手机 APP、互联网
HOW	通过屏幕演示视频和实操，通过学习通发放讨论和随堂练习，通过 QQ 群发放插件和图案模板	1. 通过学习通接收讨论 1，通过互联网寻找不同的图案并上传学习通； 2. 通过学习通接收讨论 2，通过互联网寻找自己喜欢的画，通过色彩分析 App 分析 RGB 值并上传到学习通； 3. 通过学习通接收随堂练习 3，通过电脑绘制图案并上传到学习通（机动）； 4. 通过 QQ 群接收插件，在电脑上运行 CAD 插件

11.1.3 图案填充	课后	
	教师课后资源准备与考核设计	学生课后学习与考核
WHAT	1. 课后资源： (1) 录制竞赛图纸中的图案填充举例视频； (2) 传统纹样。 2. 作业布置： (1) 建筑单体图案填充练习； (2) 项目布置——企业创想与 LOGO-CAD 绘制。 3. 考核形式： (1) 教师考核、作业； (2) 项目考核	1. 学习课后工程资源。 2. 作业： (1) 建筑单体图案填充练习； (2) 项目——企业创想与 LOGO-CAD 绘制
WHY	课后资源用于分层次教学。 作业(1)考核工程图能力； 作业(2)考核创新创业基础能力和美术基础能力	完成作业(1)，工程能力提升； 完成作业(2)，创新创业基础能力和美术基础能力提升； 得到本章节作业分数
WHO	教师设计课后工程资源；搜集传统纹样； 作业(1)教师考核； 作业(2)教师组织，生生互评—跨专业评价—跨校评价—专家评价—评价反馈与比较分析	课后工程资源：有竞赛意愿的学生学习，其他学生选学； 作业(1)和(2)全员参与； 作业(2)评价他人，根据教师反馈自我分析
WHEN	课程结束当晚发放课后工程资源，发放传统纹样资源； 课程结束当晚发放作业(1)和作业(2)； 作业(1)发放三天内完成评分； 作业(2)发放十天内完成评分	作业(1)发放两天内完成； 作业(2)发放五天内完成。 根据教师安排的时间完成对他人评价，根据教师反馈完成自我分析
WHERE	学习通或者 QQ 群发放课后工程资源，公众号发布传统纹样资源； 学习通发放作业(1)和作业(2)； 通过问卷星、微信、QQ 群、学习通等评分，通过互联网介绍人工智能	学习通或者 QQ 群学习课后工程资源； 用 AutoCAD 软件完成作业(1)和作业(2)； 学习通提交作业； 问卷星投票； 学习人工智能相关互联网资源
HOW	EV 录屏软件录制视频，学习通发放视频； 公众号转载并发布传统纹样资源； 学习通评分； 通过学习通和 QQ 群组织学生互评，通过微信联系专家评价； 评价结束后通过互联网(如标小智)介绍与演示人工智能	看视频学习课后工程资源； 学习通提交作业(高清图片文件)； 学习评价量表之后在问卷星投票； 根据自己的作业结果学习人工智能相关互联网资源

3.4　创新实践

3.4.1　课程竞赛环境搭建

课程所在学校对师生参加竞赛予以大力支持，从竞赛立项、校赛、省赛到国赛等各个环节均给予充分肯定和指导。获奖学生均可获得创新实践学分，并在保研时有加分政策。

1. 图学相关竞赛

（1）"高教杯"全国大学生先进成图技术与产品信息建模创新大赛

全国大学生先进成图技术与产品信息建模创新大赛是图学类课程最高级别的国家级赛事，2018 年被中国高等教育学会列入全国普通高校学科竞赛排行榜。

大赛结合新工科建设和工程教育专业认证，设立机械、建筑、道桥、水利、电子类（2024 年新增）五个竞赛类别，主要围绕产品信息建模、3D 打印、数字化虚拟样机设计、BIM 综合应用等项目进行命题竞赛。

课程团队于 2016 年协助学校承办由安徽省教育厅主办的安徽省首届先进成图技术大赛（高教杯机械类省赛），参加高教杯（建筑类）国赛时获得安徽省首个该类别团体奖，并以此为契机积极促进安徽省图学竞赛发展，积极建议省赛组委会将高教杯（建筑类）列入 2017 年安徽省赛赛项。

（2）华东区大学生 CAD 应用技能竞赛

华东区大学生 CAD 应用技能竞赛是由全国 CAD 应用培训网络南京中心、江苏省工程图学学会联合举办的图学赛事，包括机械类（二维和三维）、建筑类（二维和三维）、电子类等多个赛项。课程团队于 2019 年指导学生参加该赛事建筑类的二维和三维赛项。

（3）全国高等院校学生"斯维尔杯"BIM-CIM 创新大赛

全国高等院校学生"斯维尔杯"BIM-CIM 创新大赛是由中国建设教育协会主办、深圳市斯维尔科技股份有限公司承办的全国图学类赛事。课程团队因产教融合需求于 2021 年指导学生参加该赛事中的个人赛项。

（4）"中望杯"工业软件大赛

"中望杯"工业软件大赛是由工业软件大赛组委会和中望软件公司联合主办的全国性图学赛事。参加该赛事的选手如果获奖级别比较高，可以获得中望工程师认证。课程团队因产教融合需求于 2022 年指导学生参加该赛事。

2015—2023 年课程竞赛时间线见图 3-44，括号内数字为获奖数量。课程竞赛平台由最初的高教杯竞赛平台（2015）拓展为五大竞赛平台（2023），五大赛关系图谱见图 3-45。五大竞赛的共同特点是考察学生的复杂工程图识读能力和用现代化工具解决复杂工程问题的能力。经过五大竞赛的反复锤炼，学生在图学课程方面的创新实践能力得到提升，国赛参赛选手成为后续专业课程竞赛的主力军。

课程团队积极指导课程延伸赛项，如高教杯（机械类）、互联网+、机械创新大赛、挑战杯等，均取得较好成绩。

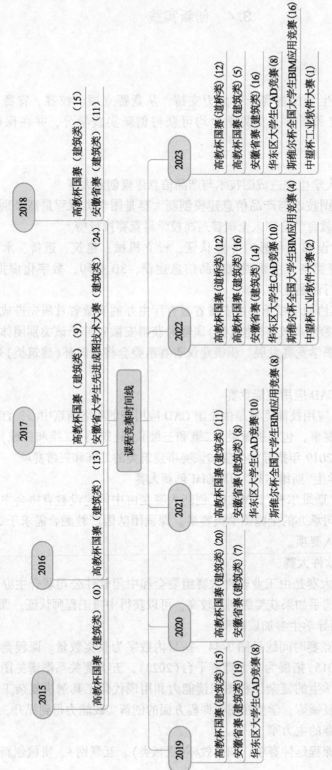

图 3-44 课程竞赛时间线

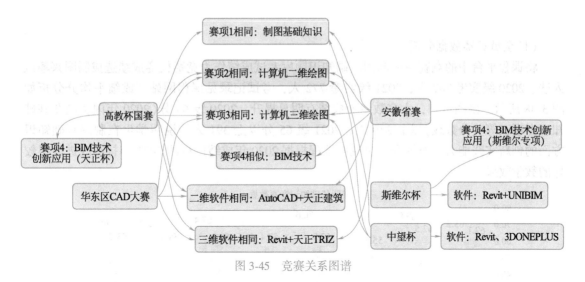

图 3-45　竞赛关系图谱

2. 竞赛选拔与培训

课程团队按照"全员竞赛—制图兴趣班—校赛—省赛—国赛"流程（见图 3-46）在课堂中进行竞赛选拔，并根据学生的竞赛报名意愿（见图 3-47）细化培训流程。

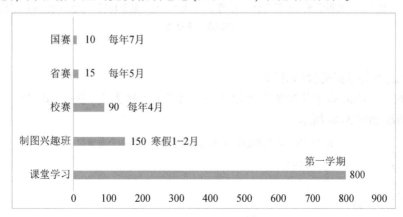

图 3-46　课程竞赛选拔流程及时间节点

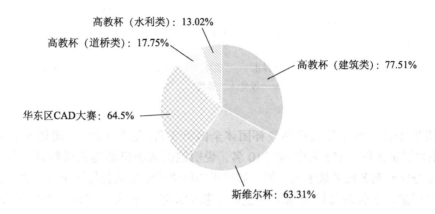

图 3-47　竞赛报名意愿分布图

3. 竞赛教学成效

(1)全员竞赛数据分析

将课程平台中的竞赛——制图基础知识题库考试成绩作为竞赛校赛成绩选拔制图兴趣班人选。2020级实考787人，2021级实考772人，考试记录见课程网站，成绩平均分分析如图3-48所示。由图可知，大多数专业成绩有明显提升。2020级65分（2020年国赛制图基础知识专项三等奖分数线）以上249人，2021级65分以上391人，说明学生在制图基础知识方面的创新实践能力有所提升，也说明课程根据2020年成绩进行的2021年持续改进取得较好的教学效果。

图3-48 制图基础知识竞赛数据

(2)省级以上竞赛获奖数据分析

2017—2023年团队师生共参加省级以上图学竞赛（土建大类）获奖307项，竞赛获奖人次专业分布情况如图3-49所示。

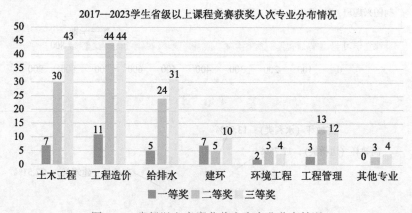

图3-49 省级以上竞赛获奖人次专业分布情况

课程团队师生于2021年获得高教杯团体全国第5名（见图3-50）。团体5人名单中有4人为制图兴趣班选拔时150人中的前10名，说明制图兴趣班的选拔机制高效且实用。获奖学生因加分保研至名校者数十人，第一届获得团体奖的学生队长保研至重庆大学，并在清华大学继续深造。学长的榜样力量对学生产生较大影响。五大竞赛证书举例见图3-51至图3-54。

图 3-50　"高教杯"建筑类制图基础知识全国第 5 名

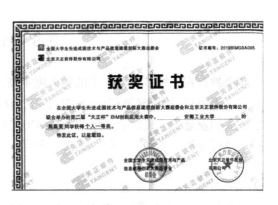

图 3-51　"天正杯"BIM 创新应用全国第 5 名

图 3-52　第二届安徽省成图大赛全省第 1 名

图 3-53　斯维尔杯-BIM 建模（土建类）全国一等奖

3.4.2　指导学生创新项目实践

近年来，课程团队认真学习全国图学史研究专家的成果，将图学史理论应用于课程内容教学改革，并将其作为课程思政融入点与传统制图结合起来进行课程实践。

学生在参加各类图学竞赛之后，其软件技能和工程图识读能力有了显著提升，为申请大学生创新训练项目打下良好的基础。

参数化建模技术是通过使用参数而不是数字来建立和分析模型。古建筑中的基本模数制度与计算机参数化建模有相近之处。师生团队通过模型—参数化模型—模型库流程建立斗栱模型库，并将其应用于虚拟博物馆建设，既学习了中国传统建筑文化，也为传统文化的传承做出努力。该项目获批 2023 年国家级大学生创新训练项目：宋氏斗栱的参数化模型的理论与应用研究（课题号：202310360045）。该项目相关成果获得 2023 年"互联网+"大学生创新创业大赛校赛银奖。

图 3-54　"高教杯"道桥类全国
一等奖

3.5 创业教育

创业教育在高校基础课程中的融入度不高，在制图教学中可以从企业创意角度进行教学活动。学生通过《国民经济行业分类》学习，认识国家社会经济行业组成，再通过创新思维方法激发创业意识，最后企业创想与 LOGO-CAD 项目绘制过程可以在练习课程专业知识的基础上进行创作，达到专·创·美融合的育人目标。

3.5.1 《国民经济行业分类》简介

《国民经济行业分类》（GB/T 4754—2017）由中华人民共和国国家质量监督检验检疫总局和中国国家标准化管理委员会于 2017 年 6 月 30 日发布，2017 年 10 月 1 日开始实施。它代替了之前的 GB/T 4754—2011 版本，是我国对国民经济行业分类的第四次修订。

该标准将我国国民经济分为 21 个大类、88 个中类和 304 个小类，全面、细致地描述我国经济发展格局。其中，第一大类是农、林、牧、渔业，包括种植业、畜牧业、渔业、林业和农、林、牧、渔辅助活动等行业，这些行业是我国农村经济的支柱，也是国民经济发展的基础。此外，还有采矿业、制造业等其他大类。

这一分类标准对于政府决策、学术研究、企业运营以及市场分析等方面都具有重要的指导意义，有助于更好地理解我国经济发展的结构和特点，促进经济社会的持续健康发展。

该标准的代码结构图如图 3-55 所示，代码举例见表 3-4 所示。

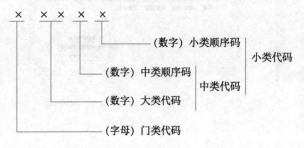

图 3-55 国民经济行业标准代码结构

表 3-4 国民经济行业分类和代码（局部）

| 代码 | | | | 类别名称 | 说明 |
门类	大类	中类	小类		
A				农、林、牧、渔业	本门类包括 01~05 大类
	01			农业	指对各种农作物的种植
		011		谷物种植	指以收获籽实为主的农作物的种植，包括稻谷、小麦、玉米等农作物的种植和作为饲料和工业原料的谷物的种植
			0111	稻谷种植	
			0112	小麦种植	
			0113	玉米种植	
			0119	其他谷物种植	
		012		豆类、油料和薯类种植	
			0121	豆类种植	
			0122	油料种植	

国民经济行业分类和代码如下：

A 农、林、牧、渔业

 01 农业

 02 林业

 03 畜牧业

 04 渔业

 05 农、林、牧、渔专业及辅助性活动

B 采矿业

 06 煤炭开采和洗选业

 07 石油和天然气开采业

 08 黑色金属矿采选业

 09 有色金属矿采选业

 10 非金属矿采选业

 11 开采专业及辅助性活动

 12 其他采矿业

C 制造业

 13 农副食品加工业

 14 食品制造业

 15 酒、饮料和精制茶制造业

 16 烟草制品业

 17 纺织业

 18 纺织服装、服饰业

 19 皮革、毛皮、羽毛及其制品和制鞋业

 20 木材加工和木、竹、藤、棕、草制品业

 21 家具制造业

 22 造纸和纸制品业

 23 印刷和记录媒介复制业

 24 文教、工美、体育和娱乐用品制造业

 25 石油、煤炭及其他燃料加工业

 26 化学原料和化学制品制造业

 27 医药制造业

 28 化学纤维制造业

 29 橡胶和塑料制品业

 30 非金属矿物制品业

 31 黑色金属冶炼和压延加工业

 32 有色金属冶炼和压延加工业

 33 金属制品业

 34 通用设备制造业

35 专用设备制造业

36 汽车制造业

37 铁路、船舶、航空航天和其他运输设备制造业

38 电气机械和器材制造业

39 计算机、通信和其他电子设备制造业

40 仪器仪表制造业

41 其他制造业

42 废弃资源综合利用业

43 金属制品、机械和设备修理业

D 电力、热力、燃气及水生产和供应业

44 电力、热力生产和供应业

45 燃气生产和供应业

46 水的生产和供应业

E 建筑业

47 房屋建筑业

48 土木工程建筑业

49 建筑安装业

50 建筑装饰、装修和其他建筑业

F 批发和零售业

51 批发业

52 零售业

G 交通运输、仓储和邮政业

53 铁路运输业

54 道路运输业

55 水上运输业

56 航空运输业

57 管道运输业

58 多式联运和运输代理业

59 装卸搬运和仓储业

60 邮政业

H 住宿和餐饮业

61 住宿业

62 餐饮业

I 信息传输、软件和信息技术服务业

63 电信、广播电视和卫星传输服务

64 互联网和相关服务

65 软件和信息技术服务业

J 金融业

66 货币金融服务

67 资本市场服务

68 保险业

69 其他金融业

K 房地产业

70 房地产业

L 租赁和商务服务业

71 租赁业

72 商务服务业

M 科学研究和技术服务业

73 研究和试验发展

74 专业技术服务业

75 科技推广和应用服务业

N 水利、环境和公共设施管理业

76 水利管理业

77 生态保护和环境治理业

78 公共设施管理业

79 土地管理业

O 居民服务、修理和其他服务业

80 居民服务业

81 机动车、电子产品和日用产品修理业

82 其他服务业

P 教育

83 教育

Q 卫生和社会工作

84 卫生

85 社会工作

R 文化、体育和娱乐业

86 新闻和出版业

87 广播、电视、电影和录音制作业

88 文化艺术业

89 体育

90 娱乐业

S 公共管理、社会保障和社会组织

91 中国共产党机关

92 国家机构

93 人民政协、民主党派

94 社会保障

  95 群众团体、社会团体和其他成员组织

  96 基层群众自治组织及其他组织

T 国际组织

  97 国际组织

3.5.2 企业创想方法

  在图案填充环节设置"企业创想与 LOGO-CAD 绘制",同学们既可以认知社会经济形态,又可以充分发挥想象力,并通过 CAD 软件来展示自己的设计成果。

  5W2H 法是创新方法中的一种,属于一种问题思考框架,由七个问题组成,该方法有助于进行决策和制度措施,也有助于思考问题时查漏补缺。

  将 5W2H 法引入课堂教学设计,可有效改善课程问题中的"创新思维不足与人文素养不足"问题。它可以帮助教师团队认真思考教学环节中的细节和不足,如教学目标如何实现、教学过程如何把控、教学方法如何创新、考核与评价如何设计等问题,可以做到对标对表,查漏补缺,持续改进。

  将 5W2H 法引入课堂教学设计,可有效改善"课程考核以手工抄图为主"问题。学生通过该方法进行企业创想与 LOGO-CAD 绘制项目设计,思路会非常清晰,考虑问题更加全面,发散性思维得到锻炼。项目设计考核突破了传统抄绘工程图的拘囿,学生学习兴趣更加浓厚,主动学习能力得到提升。该方法是师生思维互通的桥梁。

  基于 5W2H 法的企业创想思路:

WHAT——什么企业?企业名字?

WHY——为什么创想这个企业?

WHO——谁组织和参与?

WHEN——企业时间轴。

WHERE——在哪儿创办?

HOW——怎样创办?形式是什么样的?

HOW MUCH——需要耗费多少人力物力资源?

3.5.3 LOGO-CAD 绘制

1. 确定企业分类

通过查询《国民经济行业分类》,分析企业所属行业分类和代码。

2. 设计 LOGO

说明 LOGO 含义,说明用到哪些 CAD 绘图知识(绘图命令、修改命令)。绘制过程举例见本书第 4 章和第 8 章。

LOGO 欣赏与绘制方法可参考课程网站:国家智慧教育平台搜索《工程建筑制图》。

参考文献

[1] 田娟,陆强,张兆臣,等. "双创"教育理念指导教学模式改革的研究[J]. 中国现代教育装备,

2020(15)：141-142.

[2]　贾银亮. 双创背景下工科高校专业课教学改革探索[J]. 科教文汇(下旬刊)，2017(21)：33-34.

[3]　于浩，杨树峰，苗胜军. "新工科"背景下双创型复合人才的培养[J]. 教育教学论坛，2020(7)：328-330.

[4]　贾黎明，杨琦. 工程建筑制图课程教学改革的研究与实践[J]. 安徽工业大学学报(社会科学版)，2022，39(6)：71-72+102.

[5]　王晨曦，田艳红，刘威，等. 电子封装专业大学生创新创业能力培养模式探索与实践[J]. 电子工业专用设备，2020，49(3)：57-60.

[6]　田丽，张煜，王卫涛. 国内外高校创新创业教育对比分析[J]. 教育教学论坛，2020(44)：348-349.

[7]　张燕妮. 法国创新创业教育的现状和启示[J]. 江苏高教，2020(9)：121-124.

[8]　车畅. 加拿大 Co-op 教育对青年学生创新创业的启示[J]. 全球科技经济瞭望，2017，32(5)：14-19.

[9]　徐栩. 英国沃里克大学创新创业教育课程研究[D]. 河北大学，2023.

[10]　颜惠庚，杜存臣. 技术创新方法实战：TRIZ 训练与应用[M]. 北京：化学工业出版社，2014.

[11]　李嘉曾. 创造学与创造力开发训练[M]. 南京：江苏人民出版社，2022.

2020(15): 141-142.

[2] 李梦瑶. 应用型课程视角下高职美育教育研究[J]. 现代职业教育, 2017(21): 35-36.

[3] 李行. 韩凝春, 郭毅. "互联网+"背景下职业院校融合育人创新探究[J]. 教育教学论坛, 2020(7): 318-320.

[4] 薛利, 王健. 高校网络美育课程现状及问题研究[J]. 高校辅导员学刊, 2022, 39(6): 92-102.

[5] 王钟. 吴晓斌, 胡佳佳, 等. 地方工科高校美育课程教学改革探索与实践[J]. 中国轻工教育, 2020, 46(5): 55-62.

[6] 赵洋, 陈华. 高职院校职业素养教育比较研究[J]. 教育与职业, 2020(4): 345-349.

第 4 章 美育教学设计

4.1 美育的定义

美育是审美教育的简称，由 18 世纪德国诗人、哲学家席勒在 1795 年出版的《美育书简》[1]中所创。他认为，美育是一种结合感性与理性的教育方式，旨在促进人的全面发展。席勒认为，美育不仅是艺术教育，更是关于审美、情感和创造力的教育。其核心在于通过培养人们认识美、体验美、感受美、欣赏美和创造美的能力，从而促进个体美的理想、情操、品格和素养的形成。席勒强调，美育在教育中占有重要地位，与德育、智育和体育并列，对个人的情感境界、创造力和全面发展具有深远影响。

1901 年，蔡元培在他的《哲学总论》中提到了"美育"，提倡要对学生进行美育，培养学生欣赏美、创造美的能力。

杜卫(2019)在《美育三义》中提到，美育最基本的含义就是感性教育。美育就是培养全面发展的人，"美与善在本质上具有内在一致性，都反映着对象对于人的意义和价值。"审美和艺术活动本身对于儿童青少年创造力的发展具有积极的促进作用，因此美育是一种创造教育。美育发展创造力的功能可以概括为以下三点：第一，解放无意识，保障自发性；第二，发展心灵的独创性；第三，促进直觉能力的发展。

4.2 美育在高等工科院校中的研究现状

美育对于工科学生提高综合素质、完善知识结构、培养创造性思维等方面起到非常重要的作用，而目前工科应用型人才培养中审美教育基本处于缺失状态，高校应通过美育课程、校园活动、社会实践等途径，切实加强审美教育，从而培养个性和谐全面发展的高素质人才。

天津大学通过艺术通识课以"我的美学"为理念，规范了艺术通识课的内容和学习方式，展示了各工科生通过美学通识课的培养对艺术美好生活的多视角表达。

东华大学将美育教学案例与工程理论教学深度结合，帮助学生提高美学素养。针对"工程与社会"课程教学融合中存在的学生参与度不高、美育案例脱离学生认知、美育考核指标不明确等问题，设计"课内+课外""线上+线下"多平台混合式教学模式，完善美育教学内容，将美育融入工程教学。

上海理工大学依托工程美育平台，注重美育与德育、教学与实践结合，科艺融合，支持中、小学美育协同发展，推动中国式艺术教育、美育教育和工程教育联动发展的创新模式。

4.3 美育在制图课程中的实践

美育资源建设：课程资源包括中国传统建筑文化中的美育元素、中外 LOGO 设计欣赏、色彩理论基本知识等内容。通过在工程图环节对于人类伟大建筑美的理解，增加专业认同感和职业自豪感；通过对中国传统艺术文化之美的欣赏，练就一双发现美的眼睛；通过项目式设计实操，具备在工作中改善环境、创造美的能力。

4.3.1 中国传统建筑文化中的美育元素

1. 传统纹样举例

中国传统文化中最有特色的文化之一就是图案文化，在古今各行各业中都可看到图案记录，其以优美的线条和特有的韵味成为中国传统文化的一抹亮色。

（1）仰韶文化

仰韶文化是黄河中游地区一种重要的新石器时代彩陶文化，其持续时间大约在公元前 5 000 年至前 3 000 年，如图 4-1 所示。

图 4-1 彩陶纹样

（2）商周青铜器纹样

商周青铜器纹样有几何纹、动物纹等，饕餮纹、龙纹、凤纹占据主要地位。《辞海》记载：饕餮是"传说中的贪食的恶兽。古代钟鼎彝器上多刻其头部形状作为装饰"。《吕氏春秋·先识览》记载："周鼎著饕餮，有首无身，食人未咽害及其身，以言报更也。"图 4-2 是一种饕餮纹，图 4-3 是一种夔（kuí）龙纹。图 4-4 是商晚期妇好鸮（xiāo）尊，现藏于河南省博物馆，整体以雷纹做衬地，蝉纹、双头夔纹、饕餮纹、盘蛇纹等交互使用。

（3）瓦当

瓦当是中国古代宫室房屋檐端的盖头瓦，有保护飞檐和美化屋面轮廓的作用，俗称"筒瓦头"或"瓦头"。瓦当有半圆形、圆形和大半圆形三种。秦汉时期，圆形瓦当占据主流。秦朝瓦当有山峰、禽鸟鱼虫、云纹等，图案写实较多，有两等分和四等分图案，如图 4-5 所示。汉朝瓦当工艺有所提升（模印），图案有动植物和文字等。汉朝"八体"包括大篆、小篆、刻符、虫书、摹印、署书、殳书、隶书。魏晋南北朝时以卷龙纹为主，文字瓦当较少。图 4-6 的汉朝瓦当是"延寿长相思"之意。

图 4-2　饕餮纹

图 4-3　夔(kuí)龙纹

图 4-4　商晚期
妇好鸮(xiāo)尊

图 4-5　秦朝瓦当

图 4-6　汉朝瓦当

（4）藻井与仰尘

藻井位于室内的上方，呈伞盖形，由细密的斗拱承托，藻井上一般都绘有彩画、浮雕。敦煌藻井简化了中国传统古建层层叠木藻井的结构，中心向上凸起，主题作品在中心方井之内，周围的图案层层展开，如图 4-7 所示。仰尘即古天花板，如图 4-8 所示。

(a)

(b)

图 4-7　敦煌藻井

图 4-8　仰尘（组图）

（5）《园冶》中的图案

明代造园家计成在《园冶》中关于造墙、铺地、造门窗等图案有 235 种，摘录如图 4-9 至图 4-12。

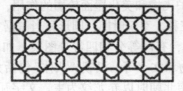

图 4-9　套方式窗

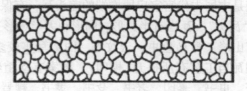

图 4-10　锦葵式窗

图 4-11 冰裂式窗

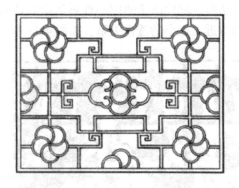

图 4-12 夔式穿梅花瓦花墙洞

2. 传统美育知识举例

(1)轴测图

界画在作画时使用界尺引线,是中国绘画很有特色的一个门类。界画起源于晋代,早期专指以亭台楼阁为主要表现对象,用界尺引笔画线的表现方法。但随着时间的推移,界画也用来表现宫室、器物、车船等。五代是界画发展的重要时期,到宋代达到高峰,至清代逐渐被其他画种替代。北宋时期王希孟的千里江山图和张择端的清明上河图中的建筑使用了界画画法。如图 4-13 所示为清明上河图(局部)。图 4-14 为清代《浙江通志》中的建筑也是采用轴测图的画法。

图 4-13 清明上河图(局部)

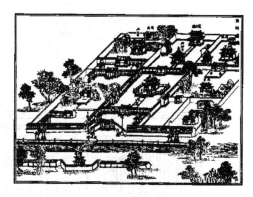

图 4-14 清代《浙江通志》中的建筑

(2)透视理论

公元 5 世纪的南朝宗炳所著《画山水序》中说:"且夫昆仑山之大,瞳子之小,迫目以寸,则其形莫睹。迥以数里,则可围于寸眸。诚由去之稍阔,则其见弥小。今张绡素以远映,则昆阆之形,可围于方寸之内。竖画三寸,当千仞之高;横墨数尺,体百里之远。"意思是说,昆仑山很大,而我们的眼睛很小。如果眼睛距离昆仑山太近,便会看不见昆仑山的整体轮廓、形状;如果远离数里,昆仑山的轮廓、形状就会尽收眼底。这实际上是因为距离物象越远,所看到的就越小、越完整。现在如果展开绡素绘写远山,那么高耸的昆仑山阆风便可以在眼前方寸大小的绡素上描绘出来。竖着画线三寸,表示有千仞之高;横着涂墨数尺,表示有百里之远。用一张展开的绡素,放在眼和物体之间,就可以反映出高大宽广的景物，这种方法就是现代所说的中心投影法绘制透视图理论。汉代画像石《泗水取鼎图》即表现出河流两岸近大远小的透视关系，如图4-15所示。

图4-15　汉代画像石《泗水取鼎图》

北宋画家郭熙在《林泉高致》中说："山有三远，自山上而仰山巅，谓之高远；自山前而窥山后，谓之深远；自近山而望远山，谓之平远。高远之色清明，深远之色重晦，平远之色有明有晦。高远之势突兀，深远之意重叠，平远之意冲融，缥缥缈缈。"这就是山水画构图的三远法：平远、深远和高远。"三远法"是指构图的不同视觉角度（仰视、平视、俯视），是中国山水画的特殊透视法，即散点透视，打破了焦点透视的局限。在三远画中，深远、高远之作并不多见，平远画法代表作很多，元代画家赵孟頫《水村图》为代表作之一。《水村图》纵24.9厘米，横120.5厘米，是纸本墨笔山水画。画面为水村汀渚、小桥渔舟，一片江南平远山水景色，笔法疏松秀逸，墨色清润，意境旷远，见图4-16。清代样式雷所绘室内装饰透视图即为一点透视图，如图4-17所示。

图4-16　元代画家赵孟頫《水村图》

图4-17　样式雷所绘室内装饰透视图

4.3.2　色彩基础知识

1. 色彩三要素和色彩模式

色彩是可见光的作用所导致的视觉现象。色彩的三要素包括色相、明度、饱和度。

色相作为色彩的首要特征，它指的是色彩的相貌，是我们区分不同颜色的判断标准。色相由原色、间色和复色构成，且色相是无限丰富的。

明度，即色彩的亮度，明度反映的是色彩的深浅变化，一般情况下在颜色中加入白色，明度提高，加入黑色，明度降低。

饱和度即纯度，指色彩的鲜艳程度。纯度越高，色彩越鲜明，纯度越低，色彩越黯淡。

常见的色彩模式有 RGB、CMYK、HSB 几种。RGB 是色光显示模式，分别指红绿蓝三个颜色，他们也被称为色光三原色。根据光学原理，人眼中识别的颜色是物体反射的光波，当光波投射到人眼时，越多的色光叠加，颜色就越亮。RGB 的红绿蓝用十进制数表示，在 0~255 之间。

CMYK 通常指的是印刷色彩系统，颜料的特性与色光相反，越叠加越黑，所以颜料的三原色必须是可以吸收 R，G，B 的色彩，也就是 RGB 的补色：青，洋红，黄色，由于不存在完美的颜料，所以完美的黑色是无法通过叠加调和的，所以在这三色基础上加入了黑色。

HSB 模式的色彩原理更符合色彩属性原则即色相、明度与饱和度。H 代表色相 Hue，S 代表饱和度 Saturation，B 代表亮度 Brightness。

HEX 模式是十六进制，机器识别色。

如图 4-18 所示，CAD 软件中有索引颜色、真彩色和配色系统三种颜色设置方案，在"真彩色"对话框中有 RGB 和 HSB 两种模式。三种颜色设置方案中均可输入 RGB 值。

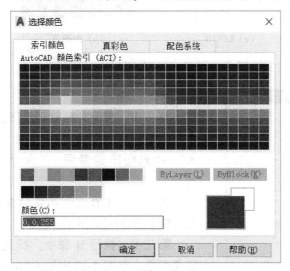

图 4-18　选择颜色对话框

【例】　将 HEX 模式标记的颜色#ff8000 转换为 RGB 值。

答：由于 HEX 模式是十六进制，RGB 值是十进制，十六进制与十进制转换关系为：ff = 255，80 = 128，00 = 0，因此颜色#ff8000 的 RGB 值是（255，128，0）。将该数值输入到图 4-18

中，可以得到一种比较鲜艳的橙色。

2. 如何获得 RGB 值

可以通过色彩知识普及网络寻找合适的颜色的 RGB 值，也可以参考名画里的色彩搭配。当找到一幅合适的画面时，可以通过色彩分析软件分析 RGB 值。近几年中国艺术家在色彩研究的中西方融合方面做了不少工作，并出版书籍为中国传统色建立文字与视觉谱系，将每种颜色的名称来历、包含的意蕴、精确色值一一展示出来。

【例】 图 4-19(a)为某社科联公众号的 LOGO，图 4-19(b)是在色彩分析软件中分析出的色彩 RGB 值，请在 CAD 软件中绘制该 LOGO。

分析： 由图 4-19(a)可知，该 LOGO 的图形由直线、圆弧组成，花瓣与花瓶的留白处可以先绘制圆弧或者椭圆弧，绘制完成后将该辅助线删除；瓶体内部的三条粗线可以用直线命令绘制后进行填充，也可以用较粗的实线绘制，省去填充过程。

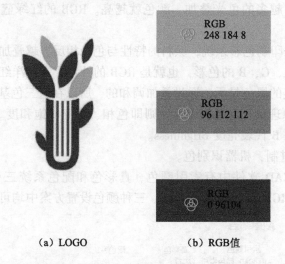

(a) LOGO　　　(b) RGB值

图 4-19　实体填充举例

图 4-20　插入"光栅图像参照"命令

绘制过程：

第一步，将图片粘贴到绘图区，调整适当的比例。也可将图片存入计算机某目录下，利用下拉菜单"插入"→"光栅图像参照…"命令插入图片，如图 4-20 所示。

第二步，用直线和圆弧命令描绘 LOGO 图片，并配合修改命令完成图形。

第三步，执行 H 命令，找到实体填充，再选择自定义颜色，在图 4-18 中输入"0，96，104"，填充瓶体和左、中、右上三个花瓣；重复执行填充命令，继续输入"96，112，112"，填充瓶体内部的三个矩形；重复执行填充命令，继续输入"248，184，8"，填充左上和右下两个花瓣。

参考文献

［1］　席勒. 美育书简［M］. 北京：社会科学文献出版社，2016.
［2］　杜卫. 美育三义［J］. 文艺研究，2016(11)：9-21.

第5章 课程思政(传统文化)设计

5.1 专业课程中的课程思政融入研究现状

以习近平新时代中国特色社会主义思想为指导，坚持知识传授与价值引领相结合，运用可以培养大学生理想信念、价值取向、政治信仰、社会责任的题材与内容，全面提高大学生缘事析理、明辨是非的能力，让学生成为德才兼备、全面发展的人才。这是新时代对高校人才培养的新要求。

知网关于课程思政的论文数据及预测(前推一个周期)如图 5-1 所示，预测趋势线为 6 阶多项式，前推 1 个周期。目前最高的论文数据为 2023 年的 1.91 万篇。

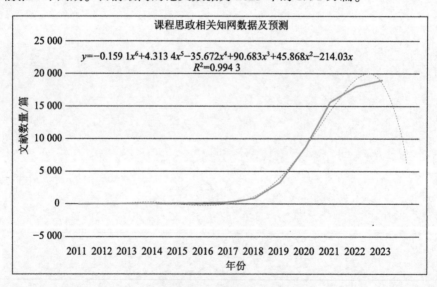

图 5-1　课程思政相关知网数据及预测

专业课程中的课程思政相关论文数据及预测(前推一个周期)见图 5-2，由图可知，其预测趋势线与图 5-1 走势相近。目前最高的论文数据为 2021 年的 1 314 篇。

龚一鸣[1](2021)探讨了课程思政的理论知识与实践行动的结合。从"知"的角度阐述了课程思政的理念、目标和意义，解释了为何要将思政教育融入到日常教学中。从"行"的角度出发，提供了具体的实施策略、案例或实践经验，展示了如何在不同学科中有效地进行思政教育。

顾晓英[2](2020)认为，正确把握课程思政的理念与内涵，并做好高校课程思政教学改革，关键在于教师。思政课教师应"理直气壮开好思政课"，凸显价值引领，以有效地实施课程思政。完善和提升教师的育德意识与育德能力，需要高校领导的高度重视，通过拓展课

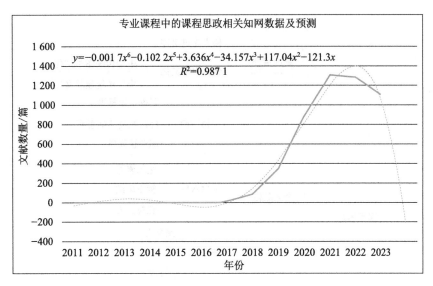

专业课程中的课程思政相关知网数据及预测

$$y=-0.001\ 7x^6-0.102\ 2x^5+3.636x^4-34.157x^3+117.04x^2-121.3x$$
$$R^2=0.987\ 1$$

图 5-2 专业课程中的课程思政相关知网数据及预测

程思政平台,提升教师的积极性和自觉性。

齐砚奎[3](2020)认为,课程思政育人需要将高校思想政治教育融入课程教学和改革的各环节、各方面,以扩大思政工作的内涵和外延。

何源[4](2019)认为,专业课教师在课程思政育人过程中应具有相应的角色与责任。教师需要理解与认同课程思政理念、挖掘与融合思政元素进课程内容、创新与应用教学方法等。

马亮[5](2019)从协同育人角度探讨课程思政,认为:专业教师不仅是传授专业知识的角色,更应该在课程教学中融入思政教育元素,引导学生形成正确的世界观、人生观和价值观,并从课程内容的设计、教学方法的创新以及与学生互动的方式等方面给出具体实践案例。

5.2 制图课程中的课程思政设计案例——安徽工业大学 "工程建筑制图"课程思政设计

5.2.1 课程思政目标

课程思政目标根据图学课程的特点与建设要求,把实现民族复兴、家国情怀与责任担当、做人做事的基本道理、社会主义核心价值观等"思政元素"融入课程教学,从责任与担当、如何做人、如何做事角度挖掘思政元素。课程思政框架如图 5-3 所示。

家国情怀:包括社会主义核心价值观,民族精神和时代精神,优秀的中华传统文化的认同和坚持等。通过共同学习党的二十大精神、伟人先进事迹培养家国情怀,通过学习中华传统图学文化和建筑文化增加文化认同感和自豪感。

个人品格:道德情操包括社会道德、个人道德和职业道德,人文素养、正确的世界观、价值观和人生观等;健全人格包括思想、情感、态度、行为、心理、哲学、艺术、性格和体质等;智力包括观察、想象、思考、判断、推理、逻辑和思维等。通过宣贯图学国家标准培

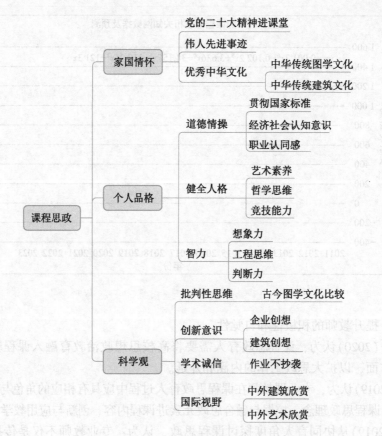

图 5-3　课程思政框架

养职业道德，通过专·创·美融合培养职业认同感，通过企业创想与 LOGO-CAD 绘制认知中国经济社会。通过美术知识学习培养艺术思维能力，通过中国传统图学文化了解古代哲学，通过全员竞赛培养竞技精神。通过项目训练培养想象力，训练工程思维，通过典型反例增强判断力。

科学观：包括认识论和方法论，求真务实，开拓进取，钻研，毅力，勤奋，视野，批判性思维，创新意识和学术诚信等。通过古今图学文化比较培养批判性思维，通过项目训练培养创新意识，通过无雷同作业培养学术诚信，通过中外艺术和建筑欣赏锻炼国际视野。

5.2.2　中华传统图学文化研究

中华传统图学文化研究属于中国科技史领域。《周易》中的"制器者尚其象"理论是中国科技思想中最为重要的组成部分，具有极其深刻的文化内涵。《九章算术》注中的"析理以辞"和"解体用图"是对图学的具体描述。图与制图，是人类最普遍的实践活动之一，它几乎贯串于人类生活的方方面面，成为现代文明的基础。研究图与制图技术之学问的图学，最能反映人类文明进程中的智慧和科学技术发展的水平。从事图学史研究，是每一个图学工作者应尽的历史责任。从《墨经》到《营造法式》，至现今高校的图学教材，无不记载着中华优秀传统文化的传承与创新。

刘克明教授是国内从事图学史研究的著名学者，长期致力于中国图学史的研究与教学，并完成了多部中国图学史著作，包括《中国工程图学史》[6]《中国建筑图学文化源流》[7]和《中国图学思想史》[8]等，这些作品填补了中国科技史研究的空白。

课程团队认真学习刘克明教授等人的专著，从章节内容中挖掘与传统文化有关的元素，作为图学研究内容，也作为课程思政内容。具体规划如图 5-4 所示。

图 5-4　中华传统图学文化对应章节

5.2.3　中国传统文化举例——图学源流枚举

1. 中国古代绘图与丈量工具

没有规矩，不成方圆。两足规画圆，直角矩画方。规和矩是作图的基本工具，中国古代对规和矩的文字和形状记载如下：古文规字和矩字[见图 5-5(a)]，新疆阿斯塔那墓唐代伏羲女娲手持规矩图[见图 5-5(b)]，明代《三才图会》规矩准绳图[见图 5-5(c)]。

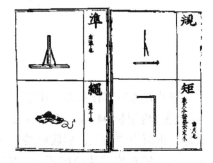

（a）古籍中的规与矩　　　（b）伏羲女娲手持规矩图　　　（c）规矩准绳图

图 5-5　古代的规和矩

丈量步车：我国明代著名珠算家和发明家程大位（1533—1606年）在丈量田地工作中发明的测量工具，软尺用篾片连接而成，卷在尺体中轴上，拉动软尺可丈量，转动中轴可收尺，被称为"世界第一卷尺"。丈量布车见图5-6。

2. 古代工程几何作图画法

按照已知条件，作出所需的几何图形叫作几何作图。中国古代工程制图师们，在长期的几何作图中总结了很多简便的作图方法。据《中算导论》记载，我国长期流传的正五边形歌诀为"一尺头顶六、八五两边分"就是正五边形的近似画法。如图5-7所示，如果取 $b=10$，则 $a=6$、$c=5$、$d=8$。汉代作正八边形的方法：用矩作出正方形 $PQRS$，对角连线得到交点 O，以 OP 为半径、分别以 P、Q、R、S 为圆心画圆弧，得到如图5-8所示的八个点 $A \sim H$，即为八边形的端点。

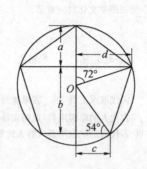
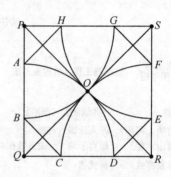

图5-6　丈量布车　　　　图5-7　正五边形近似作法　　　　图5-8　正八边形作法

汉代等分角的画法如图5-9所示。以 O 为圆心、适当半径为半径画圆弧，用矩正反向在角的两边找到垂足点 D 和 F，作两边的垂线 DC 和 FE 得到交点 P，连接 OP 即可。秦汉时期铜镜上常见的三、六、八、十二、十六等分圆周都可以用规和矩实现。

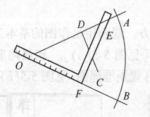
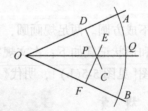

图5-9　规和矩等分角作法

3.《兆域图》

河北省考古工作者在平山县三汲公社中山国古墓中发掘出一块铜版地图，即《兆域图》。《兆域图》地图长94 cm，宽48 cm，厚1 cm。该地图图文用金银镶嵌，铜版背面中部有一对铺首，正面为中山王、后陵园的平面设计图。铜板上不仅有各宫室和宫垣的尺寸，还记述了中山王颁布修建陵园的诏令。它是迄今为止世界现存最早的建筑设计平面图，在考古学、历史学、语言学、社会学、建筑学等方面都很有研究价值。《兆域图》（汉字替换版）如图5-10所示。

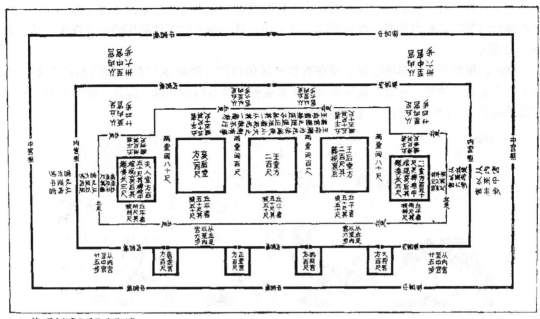

注：图中文字已译为现代汉字

图 5-10　《兆域图》(汉字替换版)

　　《兆域图》所用的投影方法是正投影法，采取水平剖面图绘制，各主要部分以尺和步为单位标注尺寸，根据考古学家现场勘测，以当时中山国的尺度为单位推算出，兆域图是采用了 1∶500 的比例尺缩制而成。

4. 样式雷

　　样式雷作为清代宫廷建筑专业世家，是由明代至清，数代相传的营造工匠，也是人们对雷氏家族主持皇家建筑设计的誉称。现存雷氏所制图样，包罗甚广，有宫殿、苑囿、陵寝、王府等建筑工程，世称样式雷。

　　样式雷的建筑设计方案及图样的绘制步骤：

　　第 1 步绘制地盘样，即建筑平面图，采用中轴线的设计方法，体现了中国古代建筑布局的传统。

　　第 2 步，设计绘制地盘尺寸样，即根据投影原理绘出表示建筑物及其结构配件的位置、大小、构造和功能的图样，并估工估料。

　　第 3 步，通过烫样，即建筑模型表达设计方案。建筑模型是建筑设计的重要标志，也是建筑设计走向成熟的重要标志。清代样式雷烫样如图 5-11 所示。

5. 古代取水工具

　　桔槔(gāo)：在竖立的枝桠形架子上放上一根细长的杠杆，枝桠的横杆处支撑杠杆，杠杆末端

图 5-11　样式雷烫样

悬挂一个重物，另一端前段悬挂水桶，人工拖拽重物绳索起落，达到汲水省力的目的。桔槔早在春秋时期就已相当普遍，而且延续了几千年，是中国农村历代通用的旧式提水器具，如图 5-12 所示。

辘轳：提取井水的起重装置。现在有些地区仍在用这种取水工具。如图 5-13 所示，水井上方有竖立的井架，井架上安装有可用手柄摇转且绕有绳索的轴，绳索一端系水桶。人们摇转手柄时，水桶可以起落，达到提取井水的目的。

图 5-12　桔槔与水槽　　　　　　　　　　　　　　　　图 5-13　辘轳

翻车：翻车又名龙骨水车，用于旧时中国民间灌溉农田，是世界上出现最早、流传最久远的农用水车。据《后汉书》载，毕岚是我国历史上"翻车"的"创造"者，三国时的马钧对翻车技术进行了改进，图 5-14 是翻车模型。

筒车：和翻车相类似的提水机具。这是利用湍急的水流转动车轮，使装在车轮上的水筒，自动戽^{hù}水，提上岸来进行灌溉。图 5-15 是筒车模型。

图 5-14　翻车模型　　　　　　　　　　　　　　　　图 5-15　筒车模型

参考文献

[1]　龚一鸣. 课程思政的知与行[J]. 中国大学教学，2021（5）：77-84.

[2]　顾晓英. 教师是做好高校课程思政教学改革的关键[J]. 中国高等教育，2020(6)：19-21.

[3]　齐砚奎. 全课程育人背景下高校课程思政建设的理论思考[J]. 黑龙江高教研究，2020，38(1)：124-127.

[4]　何源. 高校专业课教师的课程思政能力表现及其培育路径[J]. 江苏高教，2019(11)：80-84.

[5]　马亮，顾晓英，李伟. 协同育人视角下专业教师开展课程思政建设的实践与思考[J]. 黑龙江高教研究，2019，37(1)：125-128.

[6]　刘克明. 中国工程图学史[M]. 武汉：华中理工大学出版社，2003.

[7]　刘克明. 中国建筑图学文化源流[M]. 武汉：湖北教育出版社，2006.

[8]　刘克明. 中国图学思想史[M]. 北京：科学出版社，2008.

[2] 陈志伟. 教师教材处理能力提升策略探析[J]. 中国教育学刊, 2020(6): 19-21.

[3] 李保强. 个性化育人与下属的目标体系的理念逻辑[J]. 黑龙江高教研究, 2020, 38(1): 124-127.

[4] 李明德, 北京市教学实践研究思考[J]. 教育研究, 2019(1): 50-64.

[5] 汪绿亚. 基于第三主题的教学设计[J]. 中国教学理论实践与人才培养[J]. 高等教育, 2019, 33(4): 122-128.

第 6 章　数字化技术应用

2022 年 12 月 2 日，教育部发布的关于《教师数字素养》教育行业标准的通知中提到：教师数字素养，即教师适当利用数字技术获取、加工、使用、管理和评价数字信息和资源，发现、分析和解决教育教学问题，优化、创新和变革教育教学活动而具有的意识、能力和责任。教师数字素养框架包括五个维度即：数字化意识、数字技术知识与技能、数字化应用、数字社会责任、专业发展。

6.1　制图课程数字化资源现状

随着课程数字化资源建设的需要，图学课程教师通过自建或引用公共资源开展教学活动，逐渐形成混合式教学的新教态。目前的公共资源较多，部分优质资源已通过资源建设平台爱课程(中国大学 MOOC)、学堂在线、智慧树、学银在线等上线国家高等智慧教育平台。已上线的图学或制图课程有 204 门，数量分布见图 6-1。

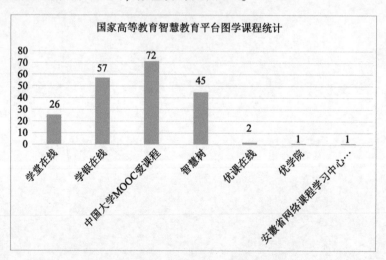

图 6-1　国家高等智慧教育平台图学课程统计

上述课程简介的词云分析见图 6-2。由图可知，机械课程占比较大，有少量建筑制图课程和设计图学课程。优质课程非常关注学生能力的培养，如绘图、设计、空间思维、意识、想象、分析、工作作风等。

比较典型的课程有：清华大学"工程制图"、江苏大学"机械制图"、湖南大学"工程制图"、聊城大学"建筑制图与 CAD 基础"等。

1. 清华大学"工程制图"，田凌，学堂在线，选课人数 10 万+

该课程是清华大学的核心技术基础课，在工程学科人才培养体系中占有重要地位。课程

图 6-2 国家高等智慧教育平台图学课程课程简介词云分布

以现代工程应用为背景，旨在使学生掌握工程设计表达的基础知识和基本技能，是学习工程科学与技术的入门课程，也是培养空间想象能力和创新思维能力的重要载体，是学生认识工程、走进工程的桥梁。

课程目标包括基本知识与技能、解决工程图的能力、素质拓展、能力拓展、责任意识等。课程目标定位高端、资源结构合理、视频清晰，是图学课程数字化资源中的典范。课程内容分为五大模块共十三讲，分别是概述、几何元素、体的构成与投影、形体表达方法、机械零部件的表达方法等。可以面向机械类和非机械类分层次开课。

2. 江苏大学"机械制图"，黄娟，爱课程，选课人数为 5 万

该课程是工程图学面向机械专业开设的专业基础课，介绍表达零件形状的常用方法、常用机件及其结构要素的表达方法、零件图与装配图的绘图与读图及基于课程实践的装配体测绘等。本课程特点是理论严谨，并与工程实践有密切联系，具有较强的实践性。

3. 湖南大学"工程制图"，刘桂萍，爱课程，选课人数 3 万+

该课程是高等工科院校中的一门既有理论又有实践的重要专业技术基础课，其理论体系严谨，与工程实践联系密切，可以培养学生工程图样绘制、阅读以及空间思维能力，提高工程素质，增强创新意识。本课程的主要内容包括投影基础、基本立体的投影、组合体的投影、轴测图、机件的表达方法、零件图、装配图等。该课程适用于机械类、近机械类和非机械类等各类本科或者专科专业学生选修。

4. 聊城大学"建筑制图与 CAD 基础"，薛明琛，爱课程，选课人数 5 千+

该课程主要研究阅读和绘制建筑工程图样的理论、方法以及应用计算机进行图形处理的技术，面向建筑学专业、土木工程专业和工程管理专业开设，是后期专业课程及设计如"房屋建筑学"课程设计、"混凝土结构"课程设计、毕业设计等的基础。该课程强调规则与规范，强调培养学生绘制和阅读施工图的能力；强调培养学生认真负责的工作态度和严谨细致的工作作风。

国家平台课程具有视频资源清晰度高、课程内容结构合理、以学生为中心、面向的群体较广泛、用户体验较好等特点，因此课程使用量较高，很受学习者欢迎。目前 204 门课程中仅有 5 门课程提及思政，未达到思政普及至课堂的建设规模。有 11 门课程通过项目教学指导图学课程实践。国家平台上面向土建类开设的图学课程较少。

6.2 基于学银在线的制图课程数字化资源建设举例

学银在线平台由超星集团有限公司全资子公司北京学银在线教育科技有限公司开发和运营，是面向高等教育、职业教育、终身教育的公共慕课平台，也是国家精品在线开放课程的评选和运营平台之一。通过整合各类学校、教育机构海量的优质数字化学习资源和课程，为学习者提供多样化、个性化学习服务，按照统一的学习成果框架及标准进行认证、积累与转换，实现"学习无边界、学分可积累、成果可转换、质量可信赖"的目标。

本课程团队以超星泛雅为课程建设平台，通过三年的校级精品课程资源（2016 年立项）建设，内容改革体系基本完善，方向基本清晰；通过三年的省级大规模开放课程（MOOC）（2019 年立项）建设，建成高清视频资源、制图基础知识题库、多个图学类竞赛题库和跨学科文化资源等(见图 6-3),上线学银在线,具备了为全国大学生和业余爱好者提供制图自主学习和其他内容学习的能力。课程资源获安徽省图学学会推荐参评国家线上资源课程(2021 年第二批、2023 年第三批),被学银在线评为示范课程,并作为优质课程资源推荐至国家高等教育智慧教育平台(2022 年上线)。

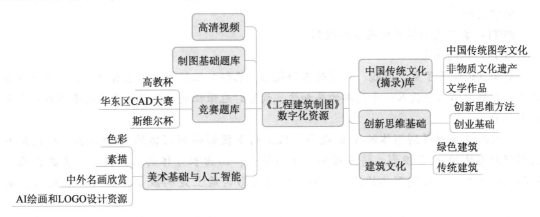

图 6-3　数字化资源建设

6.2.1　高清视频制作流程

高清视频制作一般需要与专业公司合作进行录制与美化,教师需要做如下准备工作:

1. 根据任务点准备 PPT

数字化资源的建设目的之一是保证学生可以利用碎片化时间学习,因此每个视频长度控制在 15 分钟以内。将一门课拆分成若干任务点,分别制作 PPT(见图 6-4)并进行录制,操作比较灵活。

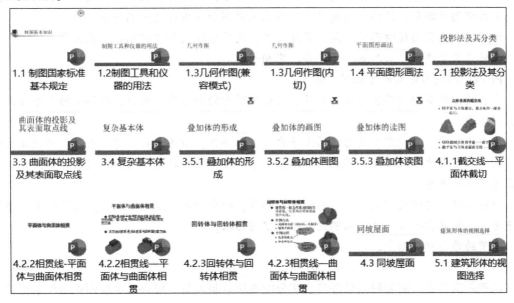

图 6-4　任务点举例

2. 准备脚本

脚本是录制视频时的提词器内容，好处是可以保证语句流畅，减少过多口语化的用语，正常语速为每分钟 100~120 个字。脚本举例如下：

3.1 体的三面投影脚本

同学们好！

PPT1：本节我们学习体的三面投影。

PPT2：体的投影。

前面我们学习了点、直线、平面的三面投影，已经对三投影面体系有所掌握。本节课我们在三投影面体系中放入一个简单的叠加体，放置时应保证叠加体有尽量多的平面为投影面的平行面。

从前向后投影得到形体的 V 面投影，从上向下投影得到形体的 H 面投影，从左向右投影得到形体的 W 面投影。将三投影面体系展开，画出长方体的三面投影，再画出五棱柱的三面投影，就得到形体的三面投影。体的投影实质上是构成该体的所有表面的投影总和。

注意：物体在三投影面体系中的放置状态，应保证尽量多的平面反映实形，便于表达形体及尺寸标注。

PPT3：三面投影与三视图。

视图的概念：用正投影法绘制的物体的投影图称为视图。

从前向后看得到的投影图为主视图，即形体的正面投影。

从上向下看得到的投影图为俯视图，即形体的水平投影。

从左向右看得到的投影图为左视图，即形体的侧面投影。

三视图之间的度量对应关系：

同一个形体的主视图和俯视图反映同一长度尺寸，因此主视图和俯视图之间长对正。主视图和左视图反映形体的同一高度尺寸，因此主视图和左视图之间高平齐。

俯视图和左视图反映形体的同一宽度尺寸，因此俯视图和左视图之间宽相等。

这就是三等关系：长对正、高平齐、宽相等。

PPT4：三视图之间的方位对应关系。

形体的方位是按照观察者来制定的。靠近观察者的为形体的前方，观察者的左手方向为形体的左方。

在三视图中，主视图反映形体的上下左右方位关系，看不出前后方位关系。俯视图反映形体的前后左右方位关系，看不出上下方位关系。左视图反映形体的上下前后方位关系，看不出左右方位关系。

根据三视图之间的方位关系，我们可以知道，一个物体只给一个视图，无法确定形体的六个方位，因此需要多个视图来确定形体的空间形状。

本节的学习到此结束。

3. 录制人员分配

课程团队负责人需要根据任务量合理分配视频录制人员，可以保证视频拍摄环节更快完成。知识点拆分表和人员分配举例见表 6-1。

表 6-1　知识点拆分和人员分配表

课程名称			工程建筑制图	学校	安徽工业大学
课程类型			专业基础课	制作风格	—
教师			贾黎明、李碧研、张巧珍、卢旭珍	录制时间	2018.1
章节	课时	编号	知识点名称	时长/min	主讲人
绪论	1	0.1	绪论	5 分 24 秒	贾黎明
第 1 章	3	1.1	制图国家标准基本规定	10 分 02 秒	张巧珍
		1.2	制图工具和仪器的用法	5 分 14 秒	张巧珍
		1.3	几何作图	7 分 26 秒	张巧珍
		1.4	平面图形画法	5 分 09 秒	张巧珍
第 2 章	2	2.1	投影法及其分类	6 分 09 秒	贾黎明
		2.2	点的投影	7 分 04 秒	贾黎明
	2	2.3	直线的投影	10 分 55 秒	贾黎明
		2.4	平面的投影	6 分 21 秒	贾黎明
第 3 章	2	3.1	体的三面投影	5 分 28 秒	贾黎明
	2	3.2	平面体的投影及其表面取点线	9 分 24 秒	贾黎明
	1	3.3	曲面体的投影及其表面取点线	9 分 58 秒	贾黎明
	1	3.4	复杂基本体	5 分 45 秒	贾黎明
	1	3.5.1	叠加体的形成	8 分 31 秒	贾黎明
	3	3.5.2	叠加体画图	2 分 47 秒	贾黎明
		3.5.3	叠加体读图	15 分 04 秒	贾黎明
	1	3.5.4	简单叠加体构型设计	7 分 20 秒	贾黎明
	2	3.6	基本体与叠加体总结举例	21 分 25 秒	贾黎明
第 4 章	4	4.1.1	截交线-平面体截切	12 分 25 秒	李碧研
		4.1.2	截交线-曲面体截切	11 分 06 秒	李碧研
	6	4.2.1	相贯线-平面体与平面体相贯	5 分 13 秒	李碧研
		4.2.2	相贯线-平面体与曲面体相贯	6 分 30 秒	李碧研
		4.2.3	相贯线-曲面体与曲面体相贯	3 分 59 秒	李碧研
	1	4.3	同坡屋面	6 分 52 秒	贾黎明
	1	4.4	同坡屋面综合举例	7 分 08 秒	贾黎明
第 5 章	1	5.1	建筑形体的视图选择	4 分 14 秒	贾黎明
	1	5.2.1	组合体画图	8 分 58 秒	贾黎明
	1	5.2.2	组合体读图	5 分 28 秒	贾黎明
	1	5.3	建筑形体的尺寸标注	8 分 50 秒	贾黎明
	1.5	5.4.1	剖面图-剖面图的形成及种类	14 分 11 秒	贾黎明
	1	5.4.2	剖面图的画图	4 分 50 秒	贾黎明
	1	5.4.3	剖面图综合举例	11 分 20 秒	贾黎明
	0.5	5.5	断面图	5 分 30 秒	贾黎明

续上表

课程名称			工程建筑制图	学校	安徽工业大学
第6章	0.5	6.1.1	轴测图的基本知识	6分26秒	卢旭珍
	1	6.1.2	正等轴测图-平面立体正等轴测图画法	9分59秒	卢旭珍
		6.1.3	正等轴测图-曲面立体正等轴测图画法	7分48秒	卢旭珍
	1	6.1.4	斜二轴测图和水平斜等轴测图	6分57秒	卢旭珍
第7章	1	7.1	施工图概述	13分35秒	贾黎明
	3	7.2.1	住宅建筑规范节选	31分55秒	贾黎明
		7.2.2	住宅设计规范节选		贾黎明
	2.5	7.2.3	建筑制图标准	25分18秒	贾黎明
	0.5	7.3	建筑总平面图	6分45秒	贾黎明
	1	7.4.1	平面图的表示方法及画图标准	15分49秒	贾黎明
	1	7.4.2	建筑平面图读图		贾黎明
	1	7.4.3	建筑平面图画图	4分01秒	贾黎明
	2	7.5	建筑立面图	9分37秒	贾黎明
	2	7.6	建筑剖面图	11分52秒	贾黎明
	1	7.7	建筑详图	13分43秒	贾黎明
第8章	0.5	8.1	结构施工图概述	6分17秒	李碧研
	0.5	8.2	钢筋混凝土基本知识	5分58秒	李碧研
	0.5	8.3	基础平面图和基础详图	6分26秒	李碧研
	0.5	8.4	楼层结构平面图读图	5分30秒	李碧研
	0.5	8.5	钢筋混凝土构件详图	3分42秒	李碧研
	0.5	8.6	平面整体注写方式	4分28秒	李碧研
第10章	2	10.1	建筑概念设计	13分12秒	贾黎明
	1	10.2	建筑概念的表现	9分31秒	贾黎明
第12章	3	12.1	AutoCAD概述	50分30秒	贾黎明
	3	12.2	基本绘图命令	59分40秒	贾黎明
	2	12.3	编辑命令	35分53秒	贾黎明
	1	12.4	文本输入	24分50秒	贾黎明
	3	12.5	图案填充	52分50秒	贾黎明
	1	12.6	图块	26分36秒	贾黎明
	2	12.7	尺寸标注	41分41秒	贾黎明
	0.5	12.8	快捷键及打印出图	9分49秒	贾黎明
总学时	80		视频总时长	786分36秒	

4. 录制前细节确定

课程录制人员可统一服装，化淡妆，手机调至静音状态。录制过程中，自然直视镜头，确保机位适合自己的身高，避免目光游移不定。如出现口误等问题，可及时停下重讲，告知摄像师补录，便于后期剪辑处理。请尽量语言连惯，避免"口头禅"频繁出现。

如果是自制视频，可以采用录屏+配音形式，制作的视频更加符合平时讲课习惯。自制视频过程中可以使用录屏工具、剪辑工具等辅助软件。

本课程高清视频录制记录：课程组根据任务点准备 PPT 64 节、脚本 12.5 万字，并规范着装和教学姿态等，为保证高质量完成视频录制打好基础。录课记录举例见图 6-5。

图 6-5　贾黎明录制视频

章节内授课视频总数量 156 个，视频总长 1 364 分钟。画法几何与工程图部分正课与宣传片共计录制视频 53 个，时长 485 分钟；AutoCAD 课程以录屏为主，时长 301 分钟；图学源流枚举共 12 章，时长 75 分钟，重点及难点辅助视频 503 分钟。视频共计约 15 GB。

6.2.2　在超星泛雅平台创建课程

通过学校超星泛雅平台创建课程，审核通过后即可开始课程资源建设。如图 6-6 所示为课程首页，可以在首页、活动、统计、资料、通知、作业、考试、讨论、管理等模块中进行进一步设置。

图 6-6　课程首页

1. 搭建课程框架

单击首页中"目录"右侧"编辑"按钮，可以创建新章节目录、修改或删除已建的章节目录等。"工程建筑制图"已建好的课程章节目录结构如图 6-7 所示。将高清视频资源和对应章节的 PPT 等传至每一个对应目录下，设置任务点，课程基本框架就搭建好了。

2. 制图基础题库模块

根据课程基本框架创建题库，按照分层教学的思路，题目难度分易、中、难三个等级，

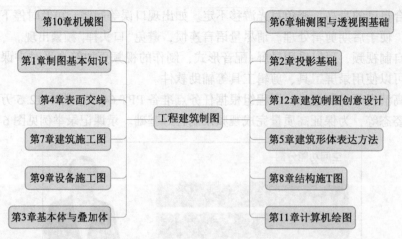

图 6-7　课程基本框架

其中难题的难度与高教杯国赛的制图基础知识赛题难度基本一致，可以保证混合式授课时竞赛进课堂的教学实践。题型有单选题、多选题、简答题、画图题、课堂讨论题等。

单选题举例（见图 6-8）：已知主视图和俯视图，选择正确的左视图。（　　　）

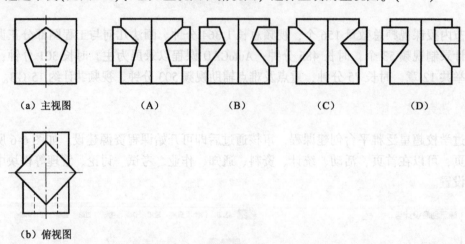

图 6-8　单选题

多选题举例（见图 6-9）：已知主视图，选择正确的左视图。（　　　）

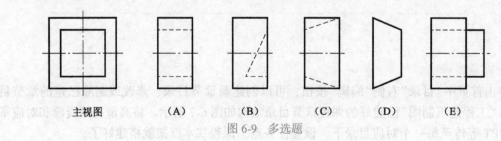

图 6-9　多选题

3. 竞赛模块

由于课程直接相关的竞赛有五类：全国大学生先进成图技术与产品信息建模创新大赛、

安徽省大学生先进成图技术与产品信息建模创新大赛、华东区大学生 CAD 应用技能竞赛、全国高等院校学生"斯维尔杯"BIM-CIM 创新大赛、"中望杯"工业软件大赛。竞赛模块以该五类赛事的真题、模拟题为主，并通过网上优质视频资源辅助竞赛培训实践，如哔哩哔哩、好看视频、中国大学 MOOC 等。以后的建设计划是竞赛模块拓展到互联网+、机创赛等。

由于竞赛集训时需要进行专业模块训练，因此课程团队通过自制剖面图、屋面专项、楼梯专项、门窗专项等视频讲解辅助训练。

4. 美术基础模块

该模块主要以转载国内知名高校专家讲授视频为主，具体内容包括：中国画的创作方法、书法欣赏、中华文化的和谐精神与中国古典美学与艺术、中国人的审美世界、《美的历程》导读、中国传统绘画思想、城市文化与城市美学等经典美育视频。

文字性文档包括：美术学研究、中国传统图案、中国审美文化焦点问题研究、LOGO 欣赏和往届学生 LOGO 绘制作业。

5. 人工智能模块

人工智能模块包括《人工智能的过去、现在和未来》视频转载、《人工智能，中国怎么走》视频转载、人工智能技术、人工智能应用、人工智能伦理等文字性文档。

6. 中国传统文化模块

该模块包括文学作品、经济文化、建筑知识、图学文化、非物质文化遗产、博物馆集萃等。该模块下的资源部分举例见图 6-10。

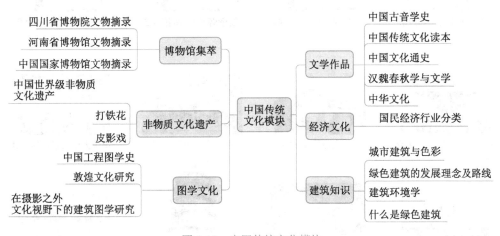

图 6-10　中国传统文化模块

7. 创新创业基础模块

该模块包括各种创新方法、创业基础知识、专利知识、知识产权保护等。

8. 制图国家标准

该模块包括 GB/T 50001—2017《房屋建筑制图统一标准》、GB 50010—2010《混凝土结构设计标准(2024 年版)》、GB 55005—2021《木结构通用规范》、GB 50352—2019《民用建筑设计统一标准》、GB 50189—2005《公共建筑节能设计标准》、SL73.1—2013《水利水电工程制图标准 基础制图》等。在课堂教学和竞赛实践中均可用到这些标准和规范。学生在学习过程中可以养成自己检索标准与规范的良好职业素养。

9. 数字化与智能制造模块

该模块中主要以学术界和政府部门的数字化和智能制造学术报告为主，例如：《未来就业报告：人工智能对工作的影响》《斯坦福大学人生设计课》《文化数字化发展研究报告》《全球数字经济白皮书》等。

10. 课程思政模块

通过在课堂上介绍中国建筑案例和世界建筑反例激发学生的文化自信和敬业精神。通过在教材中增加图学源流枚举（见图 6-11 和图 6-12）传统文化元素弘扬中国传统图学文化，并将这些案例录制成高清视频向全网推广。

图学源流枚举-第1章　　图学源流枚举-第2章　　图学源流枚举-第3章　　图学源流枚举-第4章

图学源流枚举-第5章　　图学源流枚举-第6章　　图学源流枚举-第7章　　图学源流枚举-第8章

图学源流枚举-第9章　　图学源流枚举-第10章　　图学源流枚举-第11章　　图学源流枚举-第12章

图 6-11　自制课程思政视频资源——图学源流枚举

中国伟大建筑-天下粮仓　　中国伟大建筑-八达岭长城　　中国伟大建筑-鸟巢　　中国伟大建筑-东方明珠塔

中国伟大建筑-圆明园　　中国伟大建筑-拉萨　　中国伟大建筑-楼阁　　中国伟大建筑-故宫

中国伟大建筑-长城　　加拿大某大桥坍塌事故2　　加拿大某大桥坍塌事故　　印度大桥来建成坍塌事故

图 6-12　课程思政案例库提要

6.2.3 课程数字化资源平台使用记录

课程平台在安徽工业大学使用情况：土木工程、环境工程、工程造价、工程管理、安全工程、给排水科学与工程、建筑等七个专业使用。五年来授课人数 4 250 人。课程自上线以来在校内共开设完整期次为七期，第一期以 2019 级给排水专业和 2019 级造价专业为主，共203 人；第 6 期 508 人选课，第七期 1 059 人选课。

面向的其他高校主要以河海大学文天学院(皖江工学院)为主。课程名称为工程制图，开设专业有产品设计、环境设计、土木工程、安全工程等，共有 856 人选课。其他高校还有南昌航空大学科技学院、广东工业大学华立学院、镇江高等职业技术学校、辽宁铁道职业技术学院、郑州科技学院等 20 余所高校，也有部分社会人员如教育工作者和工程人员等参加学习，共计 869 人选课。

学银在线主平台累计选课人数 6 556 人次，累计互动 21 245 次。授课视频 156 个(总时长 1 364 分钟)，非视频资源 159 个；任课教师发布公告 1 047 次；测验与作业 338 次，参与人数 3 185 人；习题总数 886 题；考试题库总数 1 257 题，教师与学生发帖总数 18 868 次，教师发帖 450 次。发布考试 35 次，参与人数 3 455 人。

第七期班级数据记录见表 6-2。

表 6-2 第七期班级数据记录

班级名称	学生数	0~60分	60~70分	70~80分	80~90分	90~100分	最高分	最低分	平均分	标准差	方差	及格率	优良率
工程图学 A2	121	0	0	4	19	98	96.82	73.71	91.97	4.12	17	100.00%	96.69%
工程建筑制图 A1	107	1	0	19	44	43	97.15	17.34	86.48	9.15	83.66	99.07%	81.31%
工程制图	101	0	0	1	10	90	97.27	73.68	93.17	3.38	11.4	100.00%	99.01%

学生课堂活动可以选择随堂练习、抢答、主题讨论、分组任务、发布话题等，见图 6-13~图 6-18。组卷举例见图 6-19。

图 6-13 活动-随堂练习

图 6-14 活动-抢答

图 6-15 活动-主题讨论

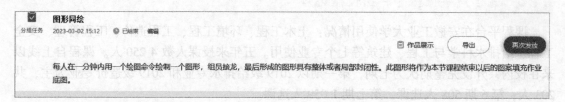

图 6-16 活动-分组任务

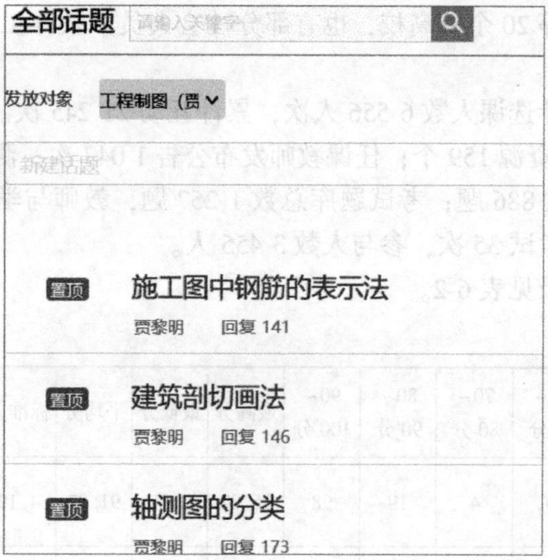

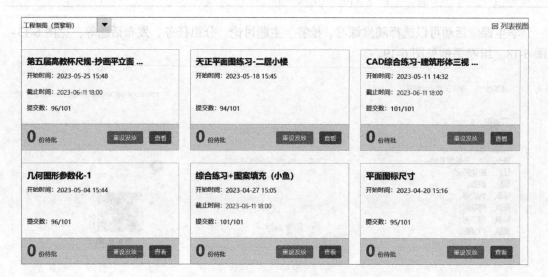

图 6-17 发布话题

图 6-18 作业布置

安徽工业大学试题卷

2022-2023-2 工程建筑制图(建筑 CAD)

考试学期：2022-2023-2 适用年级：一年级

考试时间：60 分钟　考试方式：闭卷

所属院系：　　　　专业班级：　　　　姓名：　　　　学号：

说明：给排水专业和工程管理专业适用

题目	一	二						总分
分值	82 分	18 分						100 分

得分	评卷人	复核

一、单选题(本题共 41 小题，满分 82 分)

1. AutoCAD 中的图形文件扩展名是(　　)。(2 分)

A．.dwt　　　　　　B．.dwg　　　　　　C．.jpg　　　　　　D．.dwf

2. 执行 CHAMFER 命令时，应先设置(　　)。(2 分)

A．距离 D　　　　B．圆弧半径 R　　　　C．角度值　　　　D．弧度值

3. 打开的文件中文字显示为？时可以尝试(　　)方法。(2 分)

A．修改文字样式　　B．刷新　　　　　　C．重画　　　　　　D．重生成

4. 用 AutoCAD 画完一幅图后，在保存该图形文件时用(　　)扩展名。(2 分)

A．cfg　　　　　　B．.dwf　　　　　　C．.dwt　　　　　　D．.dwg

图 6-19　样卷举例

第 7 章　教学评价与反馈设计

7.1　教学评价理论与方法

行动研究是一种以实践为基础的研究方法，它强调实践者在行动中进行有计划、有步骤、有反思的研究，从而解决自身问题。

行动研究的基本步骤通常包括以下几点：

识别问题：确定需要改进或研究的具体问题，这可以来源于实际挑战、需求或目标的不达成等。

规划行动：针对问题制定详细的行动计划，包括目标设定、活动安排和实施策略。

实施行动：根据规划开展实践活动，这可能涉及教学策略的改变、新教学材料的设计等。

数据收集：系统地收集和记录与问题相关的数据，如学生成绩、观察记录等。

数据分析：对所收集的数据进行深入分析，以识别模式、趋势和相关性。

反思和评估：基于数据分析结果，评估行动的有效性，并反思其影响，以确定是否达到预期目标。

修正行动：根据评估和反思，对行动计划进行必要的调整和优化。

这个过程是循环往复的，意味着一旦一轮行动研究完成，研究者可以根据结果开展新一轮的研究，以持续改进实践。

在教育领域，行动研究被广泛应用于改善教学实践。例如，教师可以通过行动研究来探索新的教学方法，以提高学生的学习效果。

戴维·苏泽(2023)[1]认为评估教学策略的最佳方式是行动研究，并提出行动研究的六大步骤，见图7-1。

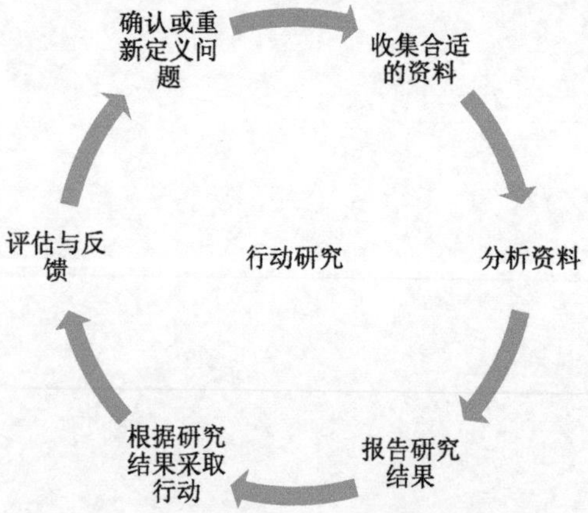

图 7-1　行动研究六大步骤

7.2　制图课程教学评价与反馈设计案例——安徽工业大学"建筑 CAD"课程教学设计

7.2.1　项目式教学评价设计

课程强调过程性评价，平时成绩占比由 30% 提高至 50%，将平时作业、项目成绩、全员竞赛成绩、线上课程成绩等补充进平时成绩。项目成绩的评价维度见图 7-2，评价量表见表 7-1 和表 7-2。

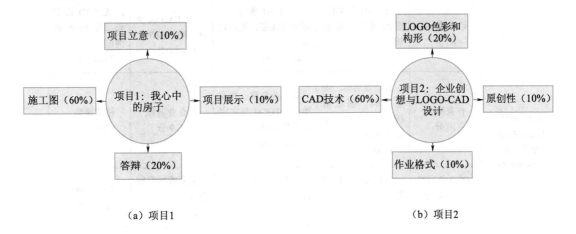

（a）项目1   （b）项目2

图 7-2 项目评价维度

表 7-1 项目 1 我心中的房子评价量表

评价维度		优	良	中	及格	得分
"我心中的房子"项目评价 100 分	项目立意 10 分	立意新颖 体现项目选址 的地域文化 9~10 分	立意较新颖 有项目选址 8~8.9 分	有立意介绍 项目选址不 清晰 7~7.9 分	无立意介绍 6~6.9 分	
	施工图 60 分	平面图、立面图、剖面图、详图齐全，尺寸标注完整 54~60 分	有平面图、立面图、剖面图，尺寸较齐全 48~53 分	有平面图，尺寸标注较规范 42~47 分	有平面图，数量不够，绘图不太规范 36~41 分	
	项目展示 10 分	效果图有背景，色彩搭配合理 9~10 分	有效果图，背景较简单，有色彩 8~8.9 分	有效果图，无背景，无色彩 7~7.9 分	效果图简略 6~6.9 分	
	答辩 20 分	答辩 PPT 美观，有较多的展示手段，答辩语言清晰流畅、情绪饱满 18~20 分	答辩 PPT 较美观，有建筑展示手段，答辩语言清晰较流畅、情绪较饱满 16~17 分	有答辩 PPT，答辩语言较流畅 14~15 分	有答辩 PPT 12~13 分	

表 7-2　项目 2 企业创想与 LOGO-CAD 设计项目评价评价量表

评价维度		优	良	中	及格	得分
企业创想与 LOGO-CAD 设计项目评价 100 分	CAD 技术 60 分	有 CAD 源文件，图线规范，格式规范 54~60 分	有 CAD 源文件，图线较规范，格式较规范 48~53 分	无 CAD 源文件，图片清晰 42~47 分	无 CAD 源文件，图片不够清晰 36~41 分	
	作业格式 10 分	有企业名称、企业类码、创意解析、LOGO 与文字布局合理 9~10 分	有企业名称、企业类码、LOGO 与文字布局较合理 8~8.9 分	有企业名称 7~7.9 分	格式简略 6~6.9 分	
	LOGO 色彩和(或)构形 20 分	色彩美观，构形合理 18~20 分	色彩较美观，构形较合理 16~17 分	色彩或构形较合理 14~15 分	有色彩或构形 12~13 分	
	原创性 10 分	完全原创 9~10 分	有少量参考 8~8.9 分	有部分参考 7~7.9 分	根据已有 LOGO 改编 6~6.9 分	

7.2.2　企业创想与 LOGO-CAD 设计项目评价

1. 问卷星投票

将学生作品编号(见图 7-3)后导入问卷星，进行专业内、跨专业、跨校投票，投票者学习评价量表后方可投票。问卷星投票举例见图 7-4。

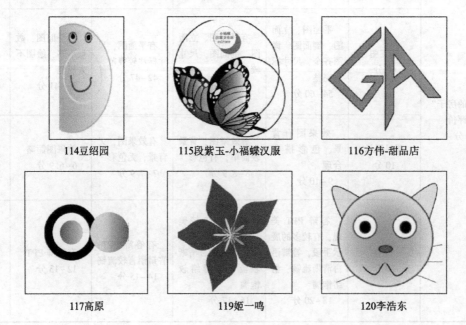

114豆绍园　　　　115段紫玉-小福蝶汉服　　　　116方伟-甜品店

117高原　　　　119姬一鸣　　　　120李浩东

图 7-3　作品编号记录

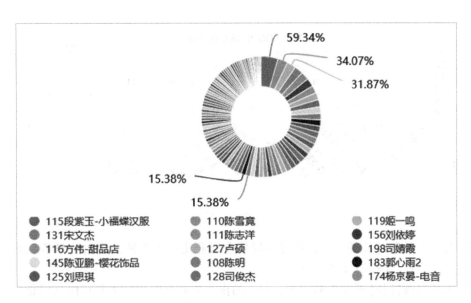

图 7-4　问卷星投票举例(2020)

2. 专家及教师评分

　　设计界、美术界专家和任课教师根据评价量表进行打分。专家 1——知名企业冰箱事业部先行工业设计总监；专家 2——河南省美术家协会会员；任课教师打分，如图 7-5 所示。打分的依据是企业 LOGO 的原创性、艺术性、与企业的关联度等。

给排水 2019 级-图案填充环节项目评价					
学生编号及姓名	企业名称	任课教师	专家 1（企业）	专家 2（美术）	综合得分
183 郭心雨	一碗谷食品有限公司	90	95	88	91.4
169 王伟	动画公司	93	90	90	90.6
371 周家颐	environment	88	92	87	89.3
176 朱伟杰	Minecraft 建筑热爱者协会	87	90	88	88.5
164 孙奥	向心公益	88	90	85	87.9
174 杨京晏	电音传播	88	85	90	87.4
110 陈雪宽	小仙女摄影工作室	85	85	92	87.1
115 段紫玉	小福蝶汉服文化馆	90	85	85	86.5
168 汪冰	小金橘食品有限公司	87	85	88	86.5

图 7-5　专家及教师打分记录

3. 结果反馈与分析

(1)专家根据作品总体情况进行评价反馈

专家从企业角度对人才培养提出一些建议，教师实时反馈给学生。

(2)教师根据专家反馈进行作品结果分析与点评

结果分析：依据国家统计局国民经济行业分类(GB/T 4754—2017)对学生创想的企业进行分类，统计如图 7-6 所示。

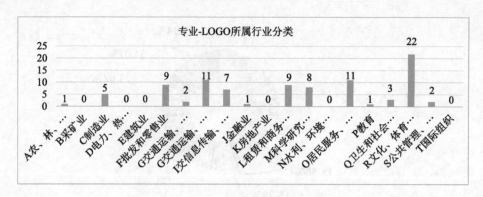

图 7-6 专业-(给排水专业)LOGO 所属行业分类

由图可知，学生对 R 类文化、体育和娱乐业行业比较感兴趣，其次是 H 类住宿和餐饮业，O 类居民服务、修理和其他服务业。

由专家和教师打分(见表 7-3)可知，35% 的作业能够反映出学生具有优良的创新思维能力和积极认真的学习态度；50% 具有一定的创新思维能力，作业认真；15% 的作品创新性不足。

(3)人工智能工具(生成式 AI)

用于绘画的人工智能是一种技术，它结合了机器学习、深度学习和计算机视觉等领域的知识，以实现自动化的艺术创作。这种技术可以模拟人类的绘画风格和技巧，或者生成全新的、独特的艺术作品。市场上已经有许多 AI 绘画工具和平台，如 Midjourney、NightCafe、DeepDream 和西湖大学的盗梦师 AI 绘画小程序等。通过输入文字描述或选择特定的风格和模型，这些平台可以生成绘画作品。

学生可以利用平台生成 LOGO 结果，与自己设计的作品进行分析比较，了解自己作品的特点与不足，认识人工智能的高阶性和局限性。2019 级某位学生作品小福蝶汉服文化馆的 LOGO-CAD 绘制结果与人工智能作品如图 7-7 所示。

(a) 学生作品　　　　　　　　　　(b) 人工智能作品

图 7-7 小福蝶汉服文化馆 LOGO

评价原始数据见表 7-3 和表 7-4。

表 7-3　企业创想与 LOGO-CAD 设计(图案填充)环节综合评分表

学生编号及姓名	企业名称	任课教师	专家1(企业)	专家2(美术)	综合得分
	给排水 2019 级-图案填充环节项目评价				
183 郭心雨	一碗吞食品有限公司	90	95	88	91.4
169 王伟	崩坏动画公司	92	90	90	90.6
371 周家颐	environment	88	92	87	89.3
176 朱伟杰	Miinecraft 建筑热爱者协会	87	90	88	88.5
164 孙奥	向心公益	88	90	85	87.9
174 杨京晏	电音传播	88	85	90	87.4
110 陈雪竟	小仙女摄影工作室	85	85	92	87.1
115 段紫玉	小福蝶汉服文化馆	90	85	85	86.5
168 汪冰	小金橘食品有限公司	87	85	88	86.5
133 王宏	爱书屋	85	85	88	85.9
180 杜攀	N95 中国芯口罩	88	85	85	85.9
175 张驰	Gy 钢琴工作室	87	85	86	85.9
108 陈明	放映传媒	82	85	90	85.6
192 李亦舟	中国保护伞公司(药业)	88	85	84	85.6
203 谢雨蒙	三角学习	85	85	86	85.3
204 徐鸿毅	万事屋	83	87	85	85.2
291 王世文	新视界眼镜	89	79	88	84.7
136 吴嘉龙	B	80	90	82	84.6
125 刘思琪	小小绿植店	82	85	85	84.1
146 陈运	真香糖果店	85	85	82	84.1
149 高旭	蓝联盟水科技有限公司	85	80	86	83.3
193 李滋成	成哥摄影公司	83	85	80	82.9
202 夏阵阳	高山流水音乐公司	80	86	78	81.8
145 陈亚鹏	樱花饰品	80	80	85	81.5
177 陈蒙召	勇士科技有限公司	81	80	80	80.3
185 何康康	咖啡店	85	70	89	80.2
107 陈浩然	云端学习	82	75	85	80.1
178 丁贤飞	肾宝	78	80	82	80
111 陈志洋	琳琅科技	75	90	70	79.5
116 方伟	绿色四月甜品屋	80	80	78	79.4
198 司婧霞	甜甜甜食品有限公司	78	85	73	79.3
206 余明峰	AMDYES 俱乐部	78	80	76	78.2

续上表

学生编号及姓名	企业名称	任课教师	专家1（企业）	专家2（美术）	综合得分
124 刘海滨	FLO 化妆有限公司	82	70	85	78.1
142 鲍文佳	花艺鲜花小店	75	85	72	78.1
207 张克	小仓鼠宠物用品专营店	75	84	73	78
205 殷世奇	Y7 服装设计公司	75	86	70	77.9
161 施娇娇	太阳小馆	75	85	70	77.5
208 张锁楠	加勒比海航	75	85	70	77.5
138 杨天骄	老杨传媒有限公司	80	75	78	77.4
197 施浩淼	Mango 电子产品公司	78	80	72	77
112 程羽	5e 电子竞技俱乐部	70	85	72	76.6
129 宋涛	毛毛渔具	80	70	82	76.6
173 薛浩然	虚拟游戏公司	70	85	72	76.6
181 傅彭文	远方传媒	72	85	70	76.6
141 支梦杰	国际教育机构	65	90	70	76.5
162 水为凯	皇冠俱乐部	75	80	73	76.4
159 王香洋	彩云扇	75	80	72	76.1
126 刘有为	流笙书屋	80	70	80	76
114 豆绍园	逗U网游	78	75	75	75.9
131 宋文杰	雪花啤酒	78	80	67	75.5
172 翁新成	新成汽车	75	80	70	75.5
165 孙良志	圣盾游戏	68	85	70	75.4
120 李浩东	豆心宠物	70	85	67	75.1
117 高原	双穹星际旅游公司	72	80	70	74.6
156 刘依婷	西餐甜点	82	65	80	74.6
167 陶斯泽	科技论坛	70	80	72	74.6
119 姬一鸣	洗发水销售	70	85	65	74.5
194 林泽艳	智能机器人工作室——林氏集团	80	70	75	74.5
139 张乐	阿乐证券	75	75	73	74.4
179 董顺	卫星通讯公司	72	75	76	74.4
135 吴道鑫	Double S 设计室	75	70	79	74.2
195 刘浩宇	阿迪杰斯运动品牌	78	70	76	74.2
190 蒋一平	海牛家的餐厅	75	75	72	74.1
134 王嘉铭	骑士网络公司	80	65	80	74

给排水 2019 级-图案填充环节项目评价

学生编号及姓名	企业名称	任课教师	专家1(企业)	专家2(美术)	综合得分
	给排水 2019 级-图案填充环节项目评价				
209 钟其钢	Miinecraft	68	80	72	74
171 魏奉贤	无	70	80	68	73.4
200 王银鑫	青雉传媒	68	84	63	72.9
140 张祥勇	环保局	65	80	70	72.5
191 靳奥	圣字旅行社	70	75	71	72.3
201 吴振东	复仇者联盟连锁网咖	60	86	65	71.9
211 朱云龙	海贼王电子竞技	68	80	65	71.9
163 苏林	威美物流	60	80	72	71.6
127 卢硕	Convenient BOX	75	70	70	71.5
137 吴文博	野外旅行团	70	70	75	71.5
150 黄俊龙	佳豪立公司	75	70	70	71.5
189 姜子豪	笑脸电子竞技有限公司	75	70	70	71.5
188 江晨	J.C 体育用品	65	80	66	71.3
128 司俊杰	澄澈科技集团	75	70	68	70.9
151 黄桥	无	70	70	72	70.6
186 黄玉	头脑风暴密室逃脱	65	80	62	70.1
196 刘宁	电影广告	70	70	70	70
113 邓国锁	超星学习通	65	75	68	69.9
121 李瑞丽	暮年馆	68	75	65	69.9
160 沈津龙	峰刺暴走俱乐部	65	75	68	69.9
199 王倩倩	追梦时尚有限公司	70	73	65	69.7
158 綦振宇	三叶绿植	68	70	70	69.4
130 宋炜	AI 制造	72	65	70	68.6
187 黄治潮	放逐之锋	65	75	63	68.4
148 高鹏	xy 咖啡馆	65	70	63	66.4
153 林杰	百度	60	75	60	66
123 刘归洋	畅行交通	65	70	61	65.8
152 李健	网易云音乐	60	70	62	64.6
122 李秀文	爱上 GAME	65	65	61	63.8
132 汤鑫旭	王婆婚介所	65	65	61	63.8
154 刘晨晨	华为电子	60	65	61	62.3
184 韩舒生	抖音	65	60	62	62.1
182 耿针	宝马	60	60	61	60.3

表 7-4　跨专业及跨校评价记录

给排水 2019 级-图案填充环节项目学生评价							
无机专业对 给排水专业评价		皖江工学院对 给排水专业跨校评价		无机专业对 给排水专业评价		皖江工学院对 给排水专业跨校评价	
选项	票数	选项	票数	选项	票数	选项	票数
107 陈浩然	14	107 陈浩然	16	163 苏林	5	163 苏林	4
108 陈明	20	108 陈明	24	164 孙奥	12	164 孙奥	7
110 陈雪竟	31	110 陈雪竟	43	165 孙良志	15	165 孙良志	8
111 陈志洋	26	111 陈志洋	27	167 陶斯泽	11	167 陶斯泽	6
112 程羽	13	112 程羽	19	168 汪冰	10	168 汪冰	11
113 邓国锁	14	113 邓国锁	25	169 王伟	10	169 王伟	3
114 豆绍园	8	114 豆绍园	13	171 魏奉贤	8	171 魏奉贤	7
115 段紫玉	54	115 段紫玉	36	172 翁新成	8	172 翁新成	3
116 方伟	23	116 方伟	27	173 薛浩然	8	173 薛浩然	8
117 高原	18	117 高原	16	174 杨京晏	19	174 杨京晏	8
119 姬一鸣	29	119 姬一鸣	17	175 张驰	11	175 张驰	10
120 李浩东	17	120 李浩东	21	176 朱伟杰	10	176 朱伟杰	3
121 李瑞丽	13	121 李瑞丽	15	177 陈蒙召	6	177 陈蒙召	9
122 李秀文	12	122 李秀文	15	178 丁贤飞	8	178 丁贤飞	9
123 刘归洋	8	123 刘归洋	11	179 董顺	10	179 董顺	4
124 刘海滨	6	124 刘海滨	13	180 杜攀	9	180 杜攀	6
125 刘思琪	19	125 刘思琪	23	181 傅彭文	10	181 傅彭文	2
126 刘有为	14	126 刘有为	23	182 耿针	9	182 耿针	5
127 卢硕	22	127 卢硕	19	183 郭心雨	20	183 郭心雨	9
128 司俊杰	19	128 司俊杰	20	184 韩舒生	9	184 韩舒生	13
129 宋涛	14	129 宋涛	14	185 何康康	8	185 何康康	4
130 宋炜	1	130 宋炜	2	186 黄玉	9	186 黄玉	6
131 宋文杰	27	131 宋文杰	29	187 黄治潮	11	187 黄治潮	10
132 汤鑫旭	4	132 汤鑫旭	3	188 江晨	8	188 江晨	3
133 王宏	10	133 王宏	10	189 姜子豪	4	189 姜子豪	5
134 王嘉铭	5	134 王嘉铭	11	190 蒋一平	7	190 蒋一平	5
135 吴道鑫	10	135 吴道鑫	8	191 靳奥	5	191 靳奥	3
136 吴嘉龙	16	136 吴嘉龙	13	192 李亦舟	17	192 李亦舟	8
137 吴文博	6	137 吴文博	1	193 李滋成	6	193 李滋成	10
138 杨天骄	16	138 杨天骄	8	194 林泽艳	7	194 林泽艳	14
139 张乐	7	139 张乐	3	195 刘浩宇	14	195 刘浩宇	14
140 张祥勇	14	140 张祥勇	9	196 刘宁	6	196 刘宁	8

续上表

给排水 2019 级-图案填充环节项目学生评价							
无机专业对 给排水专业评价		皖江工学院对 给排水专业跨校评价		无机专业对 给排水专业评价		皖江工学院对 给排水专业跨校评价	
选项	票数	选项	票数	选项	票数	选项	票数
141 支梦杰	17	141 支梦杰	20	197 施浩淼	12	197 施浩淼	6
142 鲍文佳	9	142 鲍文佳	4	198 司婧霞	22	198 司婧霞	12
145 陈亚鹏	21	145 陈亚鹏	23	199 王倩倩	7	199 王倩倩	8
146 陈运	7	146 陈运	3	200 王银鑫	7	200 王银鑫	5
148 高鹏	9	148 高鹏	7	201 吴振东	9	201 吴振东	7
149 高旭	4	149 高旭	4	202 夏阵阳	9	202 夏阵阳	11
150 黄俊龙	8	150 黄俊龙	5	203 谢雨蒙	4	203 谢雨蒙	6
151 黄桥	14	151 黄桥	6	204 徐鸿毅	9	204 徐鸿毅	9
152 李健	12	152 李健	15	205 殷世奇	18	205 殷世奇	9
153 林杰	9	153 林杰	7	206 余明峰	6	206 余明峰	5
154 刘晨晨	11	154 刘晨晨	9	208 张锁楠	7	208 张锁楠	7
156 刘依婷	26	156 刘依婷	9	209 钟其钢	10	209 钟其钢	7
158 綦振宇	6	158 綦振宇	15	211 朱云龙	18	211 朱云龙	14
159 王香洋	8	159 王香洋	4	291 王世文	9	291 王世文	10
160 沈津龙	7	160 沈津龙	2	371 周家颐	18	371 周家颐	17
161 施娇娇	7	161 施娇娇	9	本题有效 填写人次	91	本题有效 填写人次	73
162 水为凯	5	162 水为凯	8				

参考文献

戴维·苏泽. 打造学习型大脑：理论、方法与实践[M]. 郭蔚欣，译. 北京：北京师范大学出版社，2023.

第8章 教学设计模型——如何设计一节课

8.1 教学设计基本步骤

设计一节课需要遵循一定的教学原则和步骤，以确保教学内容的有效传递和学生的学习效果。以下是一个基本的课程设计框架，包括教学目标、教学内容、教学方法、教学过程和评估方式等关键要素。

1. 明确教学目标

根据课程大纲和学生实际情况，设定明确、具体、可衡量的教学目标。目标应涵盖知识、技能和情感三个层面，例如：学生应掌握某个知识点，具备某项技能，并对学习内容产生兴趣和认同感。

2. 选择教学内容

根据教学目标，筛选和整理相关的教学内容，确保内容具有科学性、系统性和实用性。教学内容应与学生的认知水平和生活经验相契合，易于理解和接受。

3. 确定教学方法

根据教学内容和学生特点，选择合适的教学方法，如讲授法、讨论法、案例分析法、实验法等。注重启发式教学，引导学生主动思考、积极探究，培养学生的自主学习能力和创新精神。

4. 设计教学过程

①导入新课：通过提问、展示图片或视频等方式，激发学生的学习兴趣和好奇心，为新课做好铺垫。

②讲授新课：按照教学内容的逻辑顺序，逐步展开讲解，注意与学生的互动，确保学生能够跟上教学进度。

③巩固练习：设计适当的练习题或实践活动，让学生在实践中巩固所学知识，提高技能水平。

④课堂小结：对本节课的知识点进行梳理和总结，帮助学生形成完整的知识体系。

5. 制定评估方式

设计合理的评估标准和方式，如课堂表现、作业完成情况、测验成绩等，以全面评价学生的学习效果。

注重过程性评价和总结性评价相结合，既要关注学生的学习成果，也要关注学生在学习过程中的表现和进步。

6. 教学反思与改进

在课后进行教学反思，总结本节课的亮点和不足，思考如何改进教学方法和策略。根据学生的反馈和评估结果，调整和优化教学内容和过程，提高教学效果。

通过以上步骤，可以设计出一节目标明确、内容充实、方法多样、过程流畅的课程。在实际操作中，还需要根据具体情况进行灵活调整和创新，以满足不同学生的需求和期望。

8.2 常用的教学设计模型

8.2.1 ADDIE

ADDIE 模型是从分析、设计、发展、执行到评估的整个过程，包括学什么(学习目标的制定)、如何去学(学习策略的应用)、如何判断学习者达到的学习效果(学习考评实施)三个方面。

该模型包括五个核心步骤：

①分析阶段：确定客观要素、教学目标和学习需求。

②设计阶段：确定教学流程及教学序列，确立工作进度和时间把控，选择具体的媒体和技术手段。

③开发阶段：选择各种教学资源，包括纸质教材、多媒体课件、网络资源等，撰写具体单元的教学内容，灵活运用各种数字化技术手段可使教学信息量的传达最大化。

④实施阶段：在不同实际场景中，根据不同学生的需求输出教学活动，传递教学方案和教学内容。采取多样化教学形式，实现教学从课堂到课下的延伸。

⑤评估阶段：贯穿教学设计过程始终。过程性评估是指在教学设计各阶段内或者各阶段之间进行，总结性评估是在教学计划实施阶段完成后进行，从知识传递、学习成效、学习态度等多方面进行考查和跟踪。

ADDIE 模型相关知网数据及预测如图 8-1 所示。

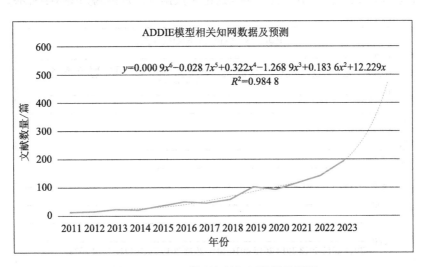

图 8-1 ADDIE 模型相关知网数据及预测

李逢庆(2016)[1]基于混合式教学的理论基础，构建了 ADDIE 教学设计模型，阐释了混合式课程的教学设计，并对混合式教学实施过程中课前、课中、课后三个阶段的师生活动进行了深入探讨。徐子雁(2014)从翻转课堂教学设计的必要性入手，系统梳理 ADDIE 模型的发展，并分析它的特征，在此基础上提出基于 ADDIE 模型的翻转课堂教学设计模型。卜彩丽(2014)从微课程教学设计的必要性入手，梳理了 ADDIE 教学设计模型的发展历程，并对模型特征进行分析。在此基础上，提出基于 ADDIE 的微课程教学设计模型，并重点阐述了该模型。

8.2.2 BOPPPS

BOPPPS 教学模式是一种以教育目标为导向，以学生为中心的新型教学模式。该模型最早是由加拿大哥伦比亚大学的 Douglas Kerr 于 1978 年提出的。其命名源自六个英语词汇：

Bridge-in(导入)：吸引学生的兴趣，承前启后。

Objective(目标)/Outcomes(结果)：让学生知道该课程要达到的教学目标。

Pre-assessment(前测)：知晓学生对基础知识的掌握情况，便于调整教学内容的难度适当。

Participatory learning(参与式学习)：这是 BOPPPS 模型最核心的理念，通过让学生多方位参与教学从而掌握知识，培养学生主动学习能力。参与式学习的组织形式举例：角色扮演、分组讨论、动手推算、案例分析、专题研讨等。

Post-assessment(后测)：检测是否达到学习目标并对知识进行延展，包括学生评估和教师反思。

Summary(小结)：总结知识点，引出下次课的内容。学生自己对知识点进行归纳，评估自己的学习效果。

BOPPPS 容易上手操作，被广泛应用于培训核心教师教学设计及一线教学。

我国高校教师将该模型应用于教学实践的论文数据统计及预测如图 8-2 所示。

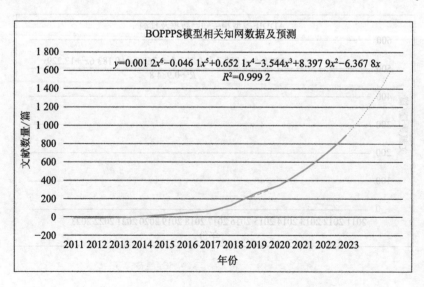

图 8-2 BOPPPS 模型相关知网数据及预测

比较典型的教学研究有：SHI-JER LOU（2014）[2] 关于 TRIZ 与 BOPPPS 的集成研究，张菊凌（2024）[3] 将 PBL 和 BOPPPS 模式交叉并融入课程思政，陈卫卫（2015）[4] 基于概念图和 BOPPPS 模型的教学研究与实践，卢曦（2016）[5] 将互联网+BOPPPS 融入课程实践。

8.2.3　PBL

PBL 教学模式是基于问题的学习模式，通过把学习内容置于特殊的问题情境中，让学生以小组团体形式共同解决复杂的、真实的问题，来达到锻炼学生核心技能的效果。在这种模式下，学生不仅能更好地学习理论知识，也能将所学知识运用到实践中，有效提升核心技能。PBL 教学流程如图 8-3 所示。

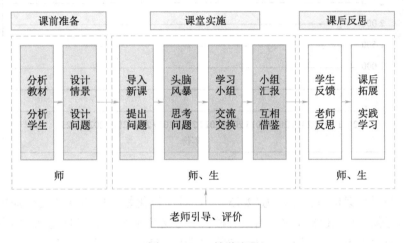

图 8-3　PBL 教学流程

1. 课前准备

教师在课前应该对学生和教材进行系统性地分析，了解学生学情。比如通过对学生的知识背景、能力水平、学习风格、个体差异、喜好等方面进行分析，从而深入了解学生的各项情况，并针对学生的特点，分析如何将课程内容有效地展示给学生，如何提高学生的学习兴趣，之后根据理论知识，思考如何将问题展现给学生。

2. 课中实施

在课中的学习能够让学生建构课程内容的知识框架，在这个过程中，学生是课堂的中心，教师则需要对学生进行指导和引导，通过既定的方式将问题展现给学生。例如，使用真实的企业案例来创造情境，并用元助教投屏展示企业相关视频以及遇到的问题，增加学习情境的真实度，并将需要分析的案例问题展现给学生，让学生自主查询资料，并鼓励学生畅所欲言，等学生发言时间到一定阶段，再让学生分组讨论，交换意见，教师不做任何判断性的评价和正确答案的暗示。在这个过程中，不仅能锻炼学生的协商沟通能力与表达能力，还能培养学生的自主学习能力。

3. 课后反思

在整个学习过程结束后，教师要对整个过程进行总结性评价，同时也让学生小组之间进行评价，以及学生自评。还可以让表现比较突出的学生来分享经验，教师和学生一起通过思维导图的方式进行总结。教师课后还可以在元教材平台上传拓展学习资源或者安排课后实践活动，鼓励学生采取自主探究或小组合作的模式来完成学习，做到课后升华。并且，教师在课后还可以发布问卷来收集学生反馈，在下一次课中对教学的设计和策略进行优化改进。

PBL 模型相关知网数据及预测如图 8-4 所示。

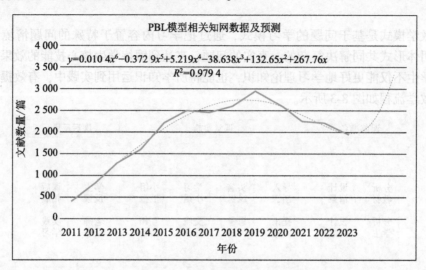

图 8-4　PBL 模型相关知网数据及预测

比较典型的研究案例有：夏雪梅(2023)[6]针对项目化教学中教师的支持提出理论框架，基于项目化学习领域有关建构主义、有效失败、学习支架等研究的新进展，形成项目化学习中教师支持的理论框架和第一轮指标；经过教师访谈编码修订形成第二轮指标；经过探索性因子分析和验证性因子分析，形成可应用于实践的第三轮关键指标。指标的构建可以为"项目化学习中好的教师支持是怎样的"提供了理论和实证依据。董艳(2019)[7]基于问题式 PBL 和项目式 PBL 的整合视角进行研究，刘景福(2002)[8]基于项目的学习(PBL)模式研究。

8.2.4　5E

5E 教学模式是一种以学生为中心的教学方法，旨在通过激发学生的兴趣和好奇心，引导他们主动探索、解释和拓展知识。这一模式包括五个关键步骤：激发(engage)、探索(explore)、解释(explain)、拓展(elaborate)和评估(evaluate)。

①在激发阶段，教师通过各种方式，如提问、分享个人经验或展示有趣的事例，激发学生的兴趣和好奇心，使他们对所学内容产生初步的认识和理解。

②探索阶段则鼓励学生通过实验、观察、调查等探索性学习活动来主动学习。在这个阶段，教师起到引导和辅助的作用，帮助学生建立认知框架，促进他们自主学习和发现新知识。

③解释阶段是教师对所学内容进行系统化的讲解和解释，帮助学生理清思路，深入理解知识点。在这个阶段，教师会采用简单明了的语言，并通过举例说明、提供实际应用场景等方式，使学生更好地理解和掌握所学知识。

④拓展阶段则是对所学知识的进一步应用和迁移，通过解决实际问题、案例分析等方式，帮助学生将知识应用到实际生活中，培养他们的批判性思维和解决问题的能力。

⑤最后的评估阶段是对学生学习过程和结果的全面评价，旨在认可学生的学习成果，并对他们的主题探究和思维方式进行指导。评估不仅关注学生的学习成果，还注重他们在学习过程中的表现和发展。

5E 教学模式强调学生的参与和自主探索，让他们在实践中建构知识，培养批判性思维和解决问题的能力。这种教学模式适应性强，可以应用于各个学科和年龄段的学生，对于激发学生的学习兴趣和提高学习效果具有重要作用。

5E 模型相关知网数据及预测如图 8-5 所示。

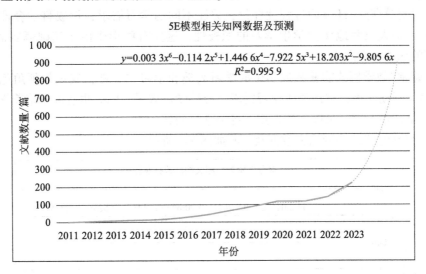

图 8-5 5E 模型相关知网数据及预测

王健(2014)[9]认为，5E 教学模式是科学教育领域的现代教育模式。它是根据 Atkin-Karplus 学习环而提出的，其宗旨是帮助学生构建科学概念。在我国的理科教育中，恰当地运用该教学模式开展教学，将有助于课程理念和课程目标的落实。

胡久华(2017)[10]系统地梳理了 5E 教学模式的起源、内涵及特征，对我国现有的基于 5E 教学模式的实践案例进行了深入分析，描述 5E 教学模式在我国的实践应用现状及其存在的问题，提出积极的改进建议，促进我国探究教学的深入推进。

赵呈领(2018)[11]从教育理念、教学模式、培育目标、学习方式、内核驱动力、教育特征、教育基础、教学原则等八个方面分析本土化 STEM 教育形态，并设计了包含参与、探究、解释、精致、评价的 5E 教学流程。文章以"探究"为核心，针对三种探究式教学策略，构建出面向 STEM 教育的 5E 探究式教学模式并进行了案例分析，以期为未来 STEM 教育的研究与发展提供理论参考。

8.2.5 "对分课堂"

"对分课堂"教学模式是复旦大学心理系张学新[12](2014)教授提出的一种课堂教学改革新模式，其核心理念是分配一半课堂时间给教师讲授，另一半给学生讨论，并把讲授和讨论时间错开，让学生在课后有一周时间自主安排学习，进行个性化的内化吸收。

这种模式重新分配了教学中的权利与责任，体现了对学生的最大尊重，为课堂营造了一种民主、对话、开放、自由的氛围。通过对分课堂，学生可以更加主动地参与到学习过程中，提高了学习效果和成效。此外，这种教学模式还有助于增强学生的协作能力和沟通能力，加强师生之间的深度交流和互动。

在具体实施上，"对分课堂"将课堂时间进行重新分配，一半时间用于教师讲授，另一半时间则用于学生进行交互式学习，以课堂讨论为主。整个过程包括三个环节：讲授（presentation）、内化（assimilation）、讨论（discussion），简称为PAD。这种灵活多样性的教学模式可以更好地满足学生和教师的不同需求，提高教学质量和效果。

同时，"对分课堂"还强调过程性评价，关注不同的学习需求，形成科学合理的课程考核评价机制，最大限度地保护学生学习的积极性，避免有些学生由于基础薄弱而进入"弱势—厌学"的恶性循环之中。

"对分课堂"教学模式能够激发学生的学习兴趣和学习主动性，实现教师角色转型，增加生生、师生互动交流，关注学生学习需求、提升学习效果，同时也有助于培养学生的团队协作能力和批判性思维，可以广泛应用于各个学科的教学中。

研究"对分课堂"的知网论文数据及预测如图8-6所示。

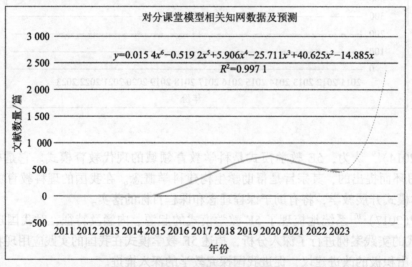

图 8-6　对分课堂模型知网论文数据及预测

杨淑萍[13]（2015）认为，"对分课堂"教学模式使大学课堂真正成为学生能动学习的舞台，教师在不同的教学阶段分别充当"讲授者""评价者"和"引导者"的角色，相应的学生角色分别为知识的"接受者""发现者"和"交流者"。通过高效的生生之间、师生之间的交互学习，改善大学课堂生活的质量。

8.3　制图课程教学设计和实施过程举例——图案填充

8.3.1　教学设计方案框架

从知识目标、能力目标、素养目标三个方面制定教学设计方案框架，如图8-7所示。

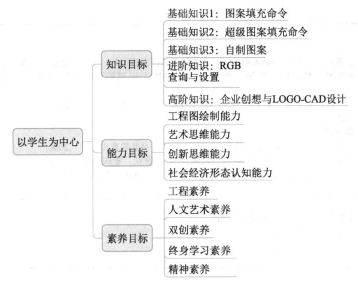

图 8-7　图案填充教学设计方案框架

8.3.2　教学设计方案

根据教学设计方案框架制定教学设计方案，见表 8-1 和表 8-2。

表 8-1　基本信息

讲授内容：图案填充		
授课对象：给排水科学与工程、工程造价、环境工程等		开课时间：2022.4
所属章节：第 11 章		课堂时长：90 分钟
教育教学理念	OBE：成果导向、学生中心、持续改进。 运用布鲁姆教育目标设计教学内容和教学活动，学生在识记、理解、应用、分析、评价和创造各个层级的能力通过项目得到锻炼。 作业评价过程：自评—跨专业互评—专家评价—人工智能比较分析	
课堂定位与设计思路	1. 课堂定位 　本单元是第十一章计算机绘图中二维绘图命令的知识点之一。通过本单元的学习，学生可以在中国传统建筑文化中的图案文化、色彩文化理解中增强文化自信，识记相关命令并能够理解、分析和创造工程和艺术图案，通过项目设计环节拓展双创和美术知识；通过 5W2H 法混合式教学设计丰富课堂教学活动；通过自评—跨专业互评—专家评价—人工智能比较分析等流程进行项目考核。 　本节课体现的创新特色：一专——工程知识；双创——创新理论/创新实践/创业意识；四美——艺术之美/修为之美。 2. 设计思路 　教学目标介绍——传统图案概述——填充命令——超级图案填充命令——自制图案和加载图案——项目式教学之图案填充专项	
教材解读	本课程所用教材： 　①贾黎明、汪永明主编，建筑制图，北京：中国铁道出版社，2018 年出版。全书 54 万字，普通高等学校"十三五规划"教材，微课版，ISBN 978-7-113-24888-8；第二版，2022 年出版，ISBN 978-7-113-29340-6。 　②贾黎明、张巧珍主编，建筑制图习题集，北京：中国铁道出版社，2018 年出版。全书 17 万字，普通高等学校"十三五规划"教材，微课版，ISBN 978-7-113-24323-4；第二版，2022 年出版，ISBN 978-7-113-29118-1。 　本讲内容位于教材第 11 章计算机绘图中 11.1.3 二维绘图命令中的"4. 图案填充"。教材中的软件所用版本是 AutoCAD 2018 版，第二版教材所用软件版本是 AutoCAD 2021 版。授课所用软件根据授课教室环境选择不同的软件，授课软件与学生实践操作界面有差异时授课教师予以提醒并给出调整方法	

续上表

| 自主学习资源 | 纸质资源 | 1. 参考教材
[1] 张霁芬，牛永胜. AutoCAD 2018 建筑制图基础教程[M]. 2 版. 北京：清华大学出版社，2021.
[2] 崔晓利，贾立红，崔健. 中文版 AutoCAD 工程制图（2018 版）[M]. 北京：清华大学出版社，2021.
[3] 孙衍建，于冬梅. 中文版 AutoCAD 工程制图：上机练习与指导(2018 版)[M]. 北京：清华大学出版社，2021.
2. 古籍导读
[1] 刘克明. 中国建筑图学文化源流[M]. 武汉：湖北教育出版社，2006.
[2] 方木鱼 译注 .(宋)李诫 撰《营造法式》[M]. 重庆：重庆出版社，2018.
[3] 胡天寿 译注 .(明)计成 撰《园冶》[M]. 重庆：重庆出版社，2009. |
| | 电子资源 | ①国家智慧教育平台"工程建筑制图"。
②学银在线"工程建筑制图"。
③中国色-中国传统颜色。 |

表 8-2　目标任务

学情分析		兴趣与动机：课程面向的学生群体就业方向是土建大类，较多的学生认为本专业就业岗位环境恶劣，对专业不够自信。传统考核模式知识难度大，略显枯燥，学生挂科率较高，出现一些畏难情绪。 知识储备：学生第一学期已学过画法几何部分，已具备基本识读工程图的能力；已学过 AutoCAD 环境设置、二维绘图命令中的基础命令和编辑命令，可以应对本节课案图案填充时的图形绘制部分内容；所有同学在中小学时期学习过美术基础课程，有一定的美术基础。 能力与思维：图样识读能力和计算机绘图能力已基本具备，创新思维能力不足，不善于独立思考，过于依赖老师和课本。团结协作能力不足，语言表达能力未得到锻炼。 学习特点：大部分同学可以高效且高质量地完成作业。个别同学有拷贝现象，经过督促得以纠正，说明个别同学学习主动性和积极性不足
教学目标	知识目标	认识中国传统建筑图案，理解图案风格； 通过学习图案填充命令(hatch)，会在 CAD 软件中进行工程图和色彩图案填充实操； 通过学习超级图案填充命令(SUPER hatch)，会在 CAD 软件中用图块或者图片填充图形； 会用 CAD 软件自制填充图案，会用 APPLOAD(AP)命令加载 Yqmkpat. vlx 插件，会用 MPEDIT(MP)命令将生成的图形写入图案库； 会用工具分析色彩 RGB，会用 RGB 值在 CAD 软件中填充图案； 会查询《国民经济行业分类》并为创想的企业编制代码； 会创造 LOGO，并用 CAD 软件绘制 LOGO
	能力目标	通过工程图填充，工程图绘制能力提升； 通过色彩填充练习，工科学生的艺术思维能力提升； 通过企业创想，学生认知社会经济形态的能力和创新思维能力提升；通过 LOGO-CAD 绘制，学生独立思考的能力和终身学习的能力得到锻炼； 通过互评，学生欣赏他人的意识和自我反思能力得到锻炼； 通过图形同绘活动，学生的团结协作能力提升； 通过章节学习和参与教学活动，利用现代化工具能力有所提高

教学 目标	素养 目标	通过工程图的绘制，运用现代化工具的工程素养增强； 通过项目式教学，学生的综合学习能力增强，从而达到主动学习和终身学习的目标； 通过项目式教学，创新思维能力和创业意识有所提升； 通过学习中国传统建筑文化和色彩文化，学生增强文化自信，人文艺术素养有所提升
对应支撑的 毕业要求 指标点		3.1 工程知识：能够将工程基础和专业知识用于解决复杂工程图问题。 3.5 使用现代工具：能够针对复杂工程图问题，选择与使用恰当的技术、资源、现代工程工具和信息技术工具，并能够理解其局限性。 3.8 职业规范：具有人文社会科学素养、社会责任感，能够在工程实践中理解并遵守工程职业道德和规范，履行责任。 3.9 个人与团队：能够在多学科背景下的团队中承担个体、团队成员以及负责人的角色。 3.10 沟通：能够就复杂工程图问题与业界同行及社会公众进行有效沟通和交流，能够在跨文化背景下进行沟通和交流。 3.12 终身学习：具有自主学习和终身学习的意识，有不断学习和适应发展的能力
思政育人		了解中国传统建筑图学文化，了解中国传统色彩文化，树立民族自豪感和文化自信心；通过学习国家标准《国民经济行业分类》认识现代社会的经济形态，有参与社会建设的社会责任感和创业意识。将价值塑造、知识传授和能力培养三者融为一体。寓价值观引导于知识传授和能力培养之中，帮助学生塑造正确的世界观、人生观、价值观。 　　培育和践行社会主义核心价值观。教育引导学生把国家、社会、公民的价值要求融为一体，提高个人的爱国（传统文化）、敬业（工程素养）、诚信（作业不抄袭）、友善（互评时善待他人的成果）修养，将社会主义核心价值观内化为精神追求、外化为自觉行动。 　　加强中华优秀传统文化教育。引导学生深刻理解中华优秀传统文化，传承中华文脉，树立文化自信心。 　　深化职业理想和职业道德教育。教育引导学生深刻理解并自觉实践各行业的职业精神和职业规范（贯彻国家标准）。 　　作为实践类课程，注重增强创新精神、创造意识和创业能力的培养。创新课堂教学模式，推进现代信息技术在课程思政教学中的应用，激发学生学习兴趣，引导学生深入思考。（"双创"和美育资源建设）
教学难点和 重点		了解中国传统建筑图案。 　　会用图案填充（hatch）命令进行工程图和色彩填充（重点）；当无法进行图案填充时需要找到原因并加以改正（难点）。 　　会用超级图案填充命令（SUPER hatch）进行图块或者图片填充实操（重点）。 　　会创造所需填充的图案，会用 APPLOAD（AP）命令加载 Yqmkpat.vlx 插件，会用 MPEDIT（MP）命令将图形写入图案库（难点） 　　了解色彩 RGB 的查询和使用过程，会借助现代化工具分析经典艺术作品的色值（难点）。 　　了解《国民经济行业分类》，并为创想的企业编制代码；会用 5W2H 法创想企业（难点），会用 CAD 软件创造 LOGO（重点）

8.3.3　图案填充课堂教学信息表

课堂教学信息表是用来控制教学进度的信息设计表，见表 8-3。

表 8-3　图案填充-课堂教学信息表

课程名称	工程建筑制图	班级人数	105
授课内容	图案填充	所属课程章节	第 11 章 11.1.3 二维绘图命令
时长（单位：分钟）	90 分钟	节次	2

教学目标	知识目标	认识中国传统建筑图案，理解图案风格； 通过学习图案填充命令（hatch），会在 CAD 软件中进行工程图和色彩图案填充实操； 通过学习超级图案填充命令（SUPER hatch），会在 CAD 软件中用图块或者图片填充图形； 会用 CAD 软件自制填充图案，会用 APPLOAD（AP）命令加载 Yqmkpat.vlx 插件，会用 MPEDIT（MP）命令将生成的图形写入图案库； 会用工具分析色彩 RGB，会用 RGB 值在 CAD 软件中填充图案； 会查询《国民经济行业分类》并用来为创想的企业编制代码； 会创造 LOGO，并用 CAD 软件绘制 LOGO
	能力目标	通过工程图填充，工程图绘制能力提升； 通过色彩填充练习，工科学生的艺术思维能力提升； 通过企业创想，学生认知社会经济形态的能力和创新思维能力提升；通过 LOGO-CAD 绘制，学生独立思考的能力和终身学习的能力得到锻炼； 通过互评，学生欣赏他人的意识和自我反思能力得到锻炼； 通过图形同绘活动，学生的团结协作能力提升； 通过章节学习和参与教学活动，利用现代化工具能力有所提高
	素养目标	通过工程图的绘制，运用现代化工具的工程素养增强； 通过项目式教学，学生的综合学习能力增强，从而达到主动学习和终身学习的目标； 通过项目式教学，创新思维能力和创业意识有所提升； 通过学习中国传统建筑文化和色彩文化，学生增强文化自信，人文艺术素养有所提升
教学活动与学生学习测评设计（含主要创新点或特点，100 字左右）		以 OBE 理念指导、布鲁姆教育目标支撑设计教学活动，学生通过学习中国传统文化增强文化自信，识记相关命令并能够理解、分析和创造工程和艺术图案，通过项目设计环节拓展双创和美术知识；通过 5W2H 法混合式教学设计丰富课堂教学活动；通过自评-跨专业互评-专家评价-人工智能比较分析等流程进行项目考核

授课分段与对应时间	工程建筑制图-图案填充第 1 节课对应时间			
	时间（分：秒）	教学活动类别	教学内容说明	对应的创新特色点（一专·双创·四美）
	00：00-02：27	【师讲】	概述本堂课的目标、活动及课后要求	一专·双创·四美
	02：28-07：19	【生讲】 【比较分析】	前期知识点回顾	一专：工程知识
	07：20-15：20	【生讲】 【图形分组同绘】	生成本次课作业	四美：修为之美
	15：21-20：48	【课程思政】 【师讲】	新课讲授：传统图案枚举（课程思政+基础知识）	四美：艺术之美、修为之美

授课分段 与对应时间	20：49-26：35	【学生主题讨论 1】/ 【学习通+互联网】	寻找图案： 红队-彩陶纹样， 蓝队-瓦当， 绿队-青铜器， 橙队-瓦花墙洞， 粉队-古建筑中的门， 黄队-古建筑中的窗。（以学生为中心，个性化、主动学习）	四美：艺术之美、修为之美 一专：工程知识
	26：36-30：24	【师讲】 【视频】	工程图案（工程知识、基础知识）	一专：工程知识
	30：25-37：04	【师讲】 【学长说】	学长说操作过程中的意外（持续改进）	一专：工程知识
	37：05-44：41	【学生实操】 【QQ 群+电脑软件】	工程图案：肋式杯型基础，布置课下作业（工程知识）	一专：工程知识

工程建筑制图-图案填充第 2 节课对应时间

时间（分：秒）	教学活动类别	教学内容说明	对应的创新特色点 （一专·双创·四美）
00：00-00：24	【师问生答】	知识点回顾	一专：工程知识
00：25-04：14	【师讲】	实体填充-自定义颜色填充（色彩基础）（美育）	一专：工程知识 四美：艺术之美
04：15-06：06	【实操演示】	自定义颜色填充演示	一专：工程知识 四美：艺术之美
06：07-07：42	【师讲】	色彩 RGB 获得和分析路径（美育）	四美：艺术之美
07：43-11：13	【主题讨论 2】/ 【学习通+互联网+色彩分析 APP】	寻找自己喜欢的画，分析颜色（带 RGB 值）。（以学生为中心，个性化、主动学习，美育）	四美：艺术之美
11：42-14：27	【师讲】 【视频】	实体填充-自定义颜色填充-案例 1（基础知识）	一专：工程知识
14：28-18：28	【师讲】 【视频】	实体填充-自定义颜色填充-案例 2-华为 LOGO 绘制（字体分解，进阶知识，课程思政）	一专：工程知识 四美：艺术之美
18：29-21：26	【师讲】 【视频】	超级图案填充（工程知识）（进阶知识）	一专：工程知识
21：27-24：31	【师讲】 【视频】	自制图案与加载图案（进阶知识、高阶知识）	一专：工程知识

续上表

授课分段 与对应时间	24：32-31：08	【实操】 【QQ 群发放实操资源+ 计算机演示】	自制图案实操（工程知识） （高阶知识）	一专：工程知识
	31：09-32：35	【师讲】	加载外部图案	一专：工程知识
	32：36-35：31	【师讲】 【课程思政】	渐变色填充（课程思政+美育）	四美：艺术之美/ 修为之美
	35：32-39：35	【师讲】 【实操】	渐变色填充	一专：工程知识
	39：36-40：37	【抢答】 【学习通】	色值转化：十六进制 HEX 模式转换十进制 RGB 模式	四美：艺术之美
	40：38-41：01	【随堂练习】	不同组对应不同的渐变色填 充外轮廓，课后提交	四美：艺术之美
	41：02-44：30	【师讲】 【数字化课程资源库】 【往届作业举例】	项目布置：企业创想与 LO- GO-CAD 绘制 介绍《国民经济行业分类》、 5W2H 法创想企业、用 CAD 设计 LOGO（创新创业基础、 美育）（自主学习）（高阶知识）	一专：工程知识 双创：创新理论/ 创新实践/创业意识 四美：艺术之美/ 修为之美

8.3.4 资源准备举例

1. 教师资源准备举例

教师自制课前视频资源 2 个（见图 8-8~图 8-9），收集工程图填充案例（精品别墅）40 余套（见图 8-10），搜集小红书等网络图案和传统中国色等图片 500 余幅（见图 8-11~图 8-12），搜集 5W2H 法的使用案例及讲解视频 5 个（见图 8-13）。

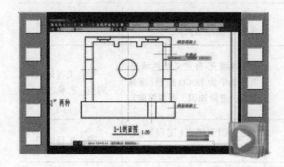

图 8-8　工程图案视频 1

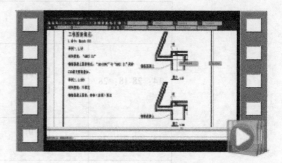

图 8-9　工程图案视频 2

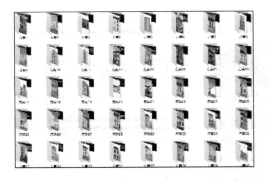

图 8-10 精品别墅项目

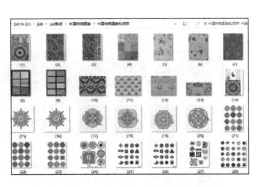

图 8-11 小红书图案

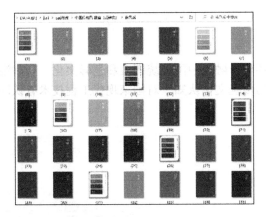

图 8-12 故宫里的中国色

图 8-13 5W2H 法讲解视频

2. 学生资源准备与学习举例

学生成功安装 AutoCAD 软件（版本自定），务必保证能够正常使用，无频繁卡退现象；下载色彩分析 App（如色采）；浏览中国传统色彩网站；学习 QQ 群里的视频见图 8-14 至图 8-17。

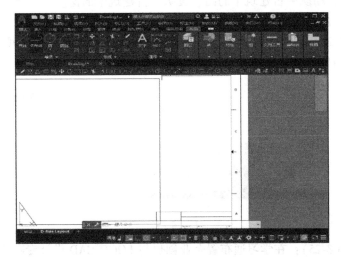

大家的配色应用

图 8-14 软件界面

图 8-15 色采 App

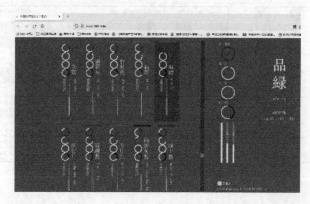

图 8-16　中国色　　　　　　　　　　　　　　　　图 8-17　QQ 群视频

3. 教师组织课堂教学过程举例

①课程思政（见图 8-18~图 8-20）：在授课环节中融入中国传统图案和色彩文化，列举港珠澳大桥等现代工程中的传统文化，增加学生的传统文化认知、对国家现代工程技术有认同感和自豪感。

图 8-18　传统图案　　　　图 8-19　传统色彩　　　　图 8-20　港珠澳大桥

②课堂讨论组织：教师在学习通创建分组讨论活动，设定截止时间。

主题讨论 1：寻找两张图案，红队—彩陶纹样、蓝队—瓦当（备注朝代）、绿队—青铜器（备注名称）、橙队—瓦花墙洞、粉队—古建筑中的门、黄队—古建筑中的窗。

主题讨论 2：寻找自己喜欢的画，分析颜色（带 RGB 值）。

③重点和难点演示（见图 8-21~图 8-23）：列举往届学生绘图时出现的问题、图案填充之色彩填充演示，在 QQ 群传送自制图案的插件并演示载入插件的步骤。

图 8-21　学长说　　　　　图 8-22　实操演示　　　　图 8-23　通过 QQ 下发插件

④项目布置（见图 8-24~图 8-25）：在学习通布置企业创想与 LOGO-CAD 设计专项任务，讲解 5W2H 法，展示往届图案填充之色彩填充（同中求异）作业。

图 8-24 学习通布置专项任务

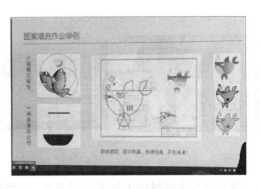

图 8-25 展示往届学生作业

4. 学生参与课堂教学过程举例

①学生讲解同一图形的不同绘图方法(见图 8-26~图 8-27),绘图效率比较分析。

图 8-26 学生 1 讲解绘图过程

图 8-27 学生 2 讲解绘图过程

②图形同绘(见图 8-28~图 8-29)。

学生分组,用不同的绘图命令接龙组合绘制一个图形,并限时提交至学习通。该图将作为线下课程结束后该组的小作业。老师挑选一组成果,由组长讲解该成果用到的知识信息和创意意图。全员讨论这个活动中存在的问题和可改进措施。这个活动是创新思维方法中的简化版默写式头脑风暴法。

图 8-28 分组同绘

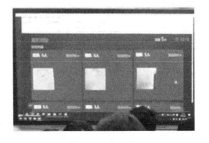

图 8-29 上传作品

③学生参与课堂讨论情况(见图 8-30)。

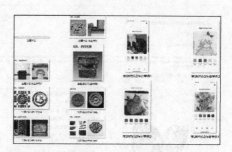

图 8-30　课堂讨论组图

学生参与课堂讨论 1 和课堂讨论 2，将结果上传至学习通。学生通过大屏幕上的不同组结果共同学习，提高学习效率。

④工程图绘制和色彩填充实操（图 8-31 至图 8-32）。

根据教师给定的肋式杯型基础工程图参考底图填充钢筋混凝土材料。根据给定的 RGB 值分组绘制填充轮廓并填充对应的颜色，计入课程积分。

图 8-31　工程图实操　　　　　　　　　图 8-32　分组填充课程积分记录

5. 教师课后资源准备举例

分层次教学作业举例（见图 8-33～图 8-34）：所有人完成建筑单体-肋式杯型基础图案填充练习；有竞赛意愿的学生完成竞赛图纸 1-1 剖面图中的结构填充部分。

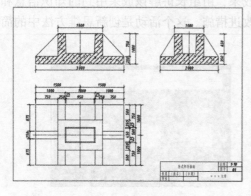
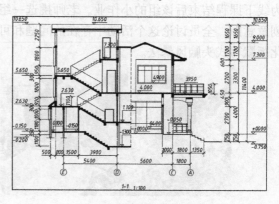

图 8-33　基础作业　　　　　　　　　　图 8-34　拔高型作业

6. 学生课后学习过程举例

学习建筑剖面图视频，选学竞赛解析视频，完成分层次作业；根据课堂学习提示学习线上资源库中的《国民经济行业分类》国家标准和 LOGO 设计方法，完成企业创想与 LOGO-CAD 设计。学习项目设计评价量表，完成企业创想与 LOGO-CAD 设计作业互评，见图 8-35~图 8-37。

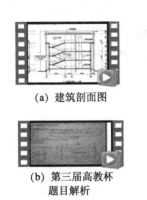

(a) 建筑剖面图

(b) 第三届高教杯
题目解析

图 8-35　课后分层学习视频　　图 8-36　本节对应的资源库　　

图 8-37　国民经济行业分类标准

8.3.5　课堂教学过程

1. 课堂前期活动

（1）教师介绍课程目标、课堂活动及考核

①课堂目标及制定依据如图 8-38~图 8-39 所示。

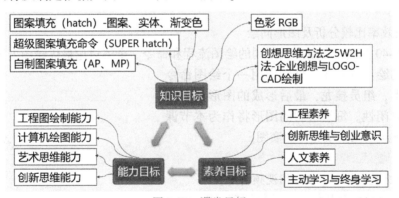

图 8-38　课堂目标

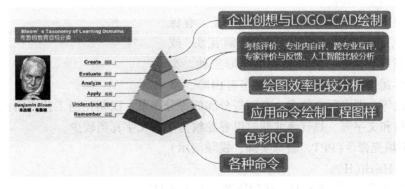

图 8-39　课堂目标制定依据

②课堂活动安排：

绘图效率比较分析，培养学生的批判性思维。

图形同绘，培养学生的团结协作，创新思维，工程基础。

课堂讨论1：中国传统图案搜寻，培养学生素质目标，美术基础；

课堂讨论2：搜寻美术图片并分析色彩RGB值，培养学生的美术基础和主动学习态度。

课堂实操1：工程图图案填充，培养学生的工程基础。

课堂实操2：加载图案插件，培养学生的工程知识和进阶知识。

随堂练习：渐变色填充；

③考核细则：

作业1：过滤池工程图绘制。

作业2：企业创想与LOGO-CAD绘制。

作业1评价方式：生生互评。

作业2评价方式：专业自评—跨专业互评—跨校评价—专家评价与反馈—人工智能比较分析。

(2)知识点回顾

二维绘图命令：直线、构造线、多段线、正多边形、圆弧、圆、云线、样条曲线、椭圆、椭圆弧、点、文本等。

二维编辑命令：删除、复制、镜像、偏移、阵列、平移、旋转、缩放、拉伸、裁剪、倒角命令等。

(3)绘图效率比较分析及图形同绘

①以图8-40为例，学生介绍不同的绘图流程和命令，全体讨论最优绘图方案。

②图形同绘：每人在一分钟内用一个绘图命令绘制一个图形，组员接龙，最后形成的图形具有整体或者局部封闭性。每组绘制的图形将作为本节课程结束以后该组的图案填充作业底图。

2. 课堂中期活动

(1)传统文化进课堂(PPT和视频讲解)

商周青铜器纹样有几何纹、动物纹等，饕餮纹、龙纹、凤纹占据主要地位。

瓦当是中国古代宫室房屋檐端的盖头瓦，有保护飞檐和美化屋面轮廓的作用，俗称"筒瓦头"或"瓦头"。瓦当有半圆形、圆形和大半圆形三种。秦汉时期，圆形瓦当占据主流。秦朝瓦当有山峰、禽

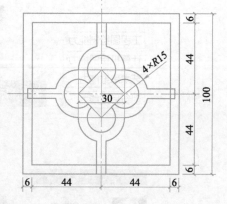

图 8-40 绘图效率比较

鸟鱼虫、云纹等，图案写实较多，有两等分和四等分图案。汉朝瓦当工艺有所提升(模印)，图案有动植物和文字等。魏晋南北朝时以卷龙纹为主，文字瓦当较少。

(2)图案填充命令(PPT、教师实操、视频演示)

①命令：Hatch(H)。

1∶50普通图案，见图8-41。砖的图案："ANSI 31"。

钢筋混凝土图案填充："AR-CONC"与"ANSI 31"两种 CAD 填充图案叠加。

1：100 简化图案，见图 8-42。砖的图案：不填充；钢筋混凝土图案：实体(涂黑)填充。

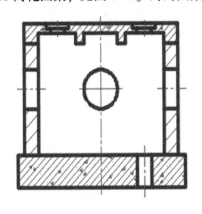

图 8-41　举例一 1：50　　　　　　　　图 8-42　举例二 1：100

AutoCAD 2021 版"图案填充"对话框打开方法：在命令行输入 H 后按【Enter】键，继续输入按下【T】和【Enter】键。

a. 学长说。学长告诉学生图案填充时会发生的各种意外，并提出解决方案。

无法进行图案填充的几种情况：图案相对于所填充图形的比例过大或者过小时，修改填充比例；图形未封闭时，编辑图形以后再填充；选项对话框下显示性能栏里的"应用实体填充未勾选，勾选以后进行填充；通过系统变量 FILLMODE（FILL）调整，命令行会提示输入"ON"或"OFF"，默认是"ON"。

b. 注释性和孤岛问题。设置文字样式、标注样式、图块、图案填充时，都有注释性的选项。在布局空间通过设置不同比例的视口，可以实现多比例布图出图，可让所有视口的文字、标注等图形的打印尺寸保持一致。

孤岛检测样式有普通、外部和忽略三种，AutoCAD 2021 版默认为外部样式。

c. 图案填充命令课堂实践。工程图案填充。通过 QQ 群发放未填充的源文件：肋式杯型基础.dwg。

②实体图案填充之自定义颜色填充。

a. 书籍。

《中国传统色——故宫里的色彩美学》，郭浩、李健明著，包含 384 种中国传统色，建立文字与视觉谱系，将每种颜色的名称来历、包含的意蕴、精确色值展示给读者，举例见图 8-44。

b. 色值。

RGB：红绿蓝 0~255 之间。

HSB：色度、饱和度、亮度。

CMYK：印刷色彩模式，青、洋红、黄、黑。

HEX：十六进制，机器识别色，如#ff8000。

举例：#ff8000＝RGB（255，128，0），如图 8-45 所示。

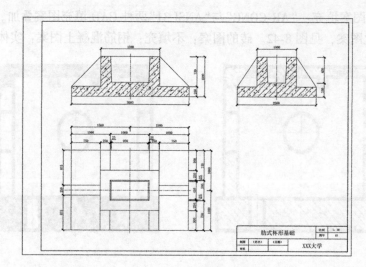

图 8-43　肋式杯型基础

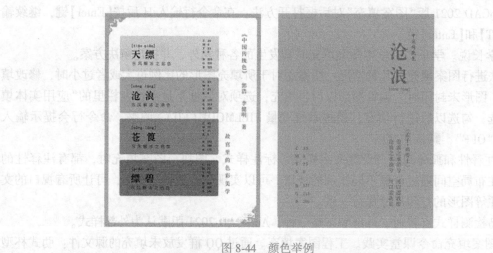

图 8-44　颜色举例

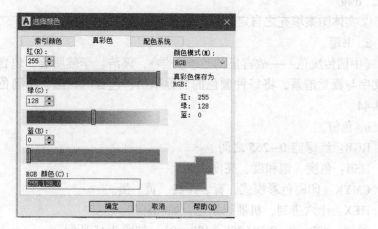

图 8-45　选择颜色选项卡

c. 获得 RGB 值的方法。

找颜色——小红书或者网络找色卡。

分析颜色——色彩分析软件(色采 App)或网络分析网页，如图 8-46 所示。

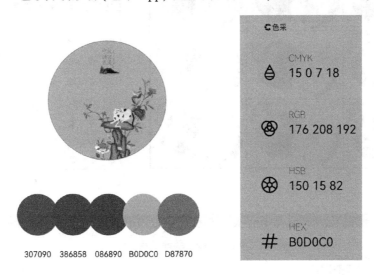

图 8-46　艺术图片及色彩分析

主题讨论：寻找自己喜欢的画，分析颜色(带 RGB 值)，截图传到学习通。

实体图案填充之自定义颜色填充举例：华为最新一代 LOGO(见图 8-47)。强调：可用 txtexp 命令将汉字镂空。

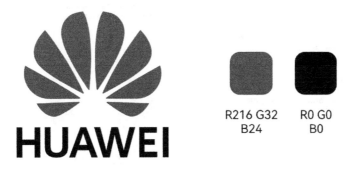

图 8-47　华为 LOGO 与色彩分析

(3)超级图案填充命令：superhatch(super)

过程：绘制图案→生成图块(b)→超级图案填充(super)。该命令可以填充图片、带图案的图块。如图 8-48 和图 8-49 所示为填充苹果图片的结果举例，自制图块的填充结果。

(4)自制图案与加载图案

自制图案的方法：用 APPLOAD(AP)命令打开"加载插件"对话框，载入 Yqmkpat. vlx 插件；用 MPEDIT(MP)命令选择要写入图库的图形。

加载图案的方法：可以在网上搜集适用于 CAD 的 *. pat 图案文件，将其复制到自己计算机 AutoCAD 软件安装目录下的 suport 图案文件夹下，也可以用 Op 命令打开"选项"对话框，按"添加"按钮添加一个文件夹搜索路径，如图 8-50 所示。

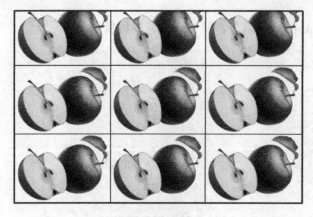

图 8-48 图片填充

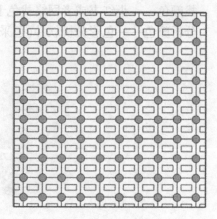

图 8-49 图块填充

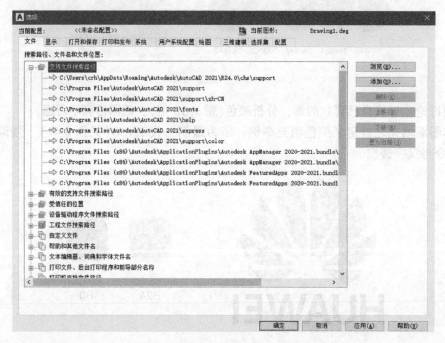

图 8-50 加载图案

教师演示：花窗 .pat 载入实践。

（5）渐变色填充

①传统文化引入。

教师介绍千里江山图等传统名画中的渐变色使用情况，介绍网上流传的绘画界 Q 版舞者图片。

②命令介绍。

命令：GRADIENT（也可用 H 弹出对话框）。

类型：单色和双色。

路径：左向右渐变、中间往两边渐变、圆心向四周渐变、从上向下渐变、从下向上渐变。
方向：角度可调整。
界面见图 8-51。

图 8-51 界面

③举例与实践。
举例：#FFDEE9=RGB（255，222，233），#B5FFFC=RGB（181，255，252），见图 8-52(a)。
实践：见图 8-52(b)。

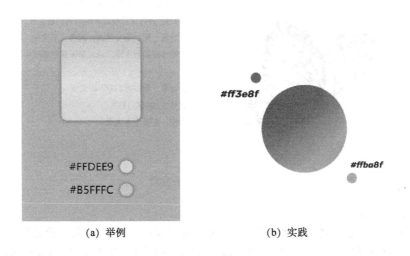

（a）举例   （b）实践

图 8-52 举例与实践

④随堂练习。
分组安排：绘制上方颜色，外轮廓替换。
红队：圆角矩形；蓝队：椭圆；绿队：六边形；橙队：梅花形；粉队：回字形；黄队：
月牙形。

3. 课堂后期活动

项目式教学之图案填充专项：企业创想与 LOGO-CAD 绘制。

（1）《国民经济行业分类》

学习《国民经济行业分类》识国家社会经济形态，认识行业分类和代码。

（2）企业创想：5W2H 法

WHAT：什么企业？企业名字？

WHY：为什么创想这个企业？

WHO：谁组织和参与？

WHEN：企业时间轴。

WHERE：在哪儿创办？

HOW：怎样创办？形式是什么样的？

HOW MUCH：需要耗费多少人力物力资源？

（3）中外著名企业 LOGO 欣赏

学生通过课程网址资源学习。

（4）CAD 绘制 LOGO 注意事项

作业排版参考图 8-53。

图 8-53　作业排版参考

（5）作业评价流程

专业自评—跨专业互评—跨校评价—专家评价与反馈—人工智能比较分析。

学生需要学习评价维度和评价量表，课下完成企业创想与 LOGO-CAD 绘制，提交至学习通，互评打分。

教师需要把握作业进度，与校外专家联系，进行作业评判，然后反馈给学生评价结果，并进行人工智能分析比较。

（6）图案填充作业举例

以往届学生图案填充作业举例说明：每个人心中都有一条不同的鱼（见图 8-54）。以往届学生企业创想与 LOGO-CAD 绘制作业说明：AutoCAD 软件完全可以实现设计和绘画功能（见图 8-55），设计的艺术性需要一定的知识积累和足够的耐心。

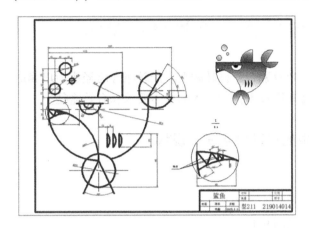

图 8-54 图案填充作业举例　　　　　　　图 8-55 企业创想与 LOGO-CAD 绘制作业举例

参考文献

［1］ 李逢庆. 混合式教学的理论基础与教学设计［J］. 现代教育技术，2016，26(9)：18-24.

［2］ LOU S，DZAN W，LEE C，et al. Learning effectiveness of applying TRIZ-integrated OPPPS［J］. The international journal of engineering education，2014，30(5)：1303-1312.

［3］ 张菊凌，骆芳琳，吴海刚. 融入课程思政的 PBL 和 BOPPPS 交叉式教学法探析——以药物化学的绪论为例［J］. 南京师范大学学报(工程技术版)，2024，24(1)：86-92.

［4］ 陈卫卫，李清，李志刚. 基于概念图和 BOPPPS 模型的教学研究与实践［J］. 计算机教育，2015(6)：61-65.

［5］ 卢曦，王建伟，李小红. 互联网+BOPPPS 教学在"汽车构造"课程中的探索与实践——以上海理工大学为例［J］. 创新与创业教育，2016，7(1)：126-128，132.

［6］ 夏雪梅. 项目化学习中"教师如何支持学生"的指标建构研究［J］. 华东师范大学学报(教育科学版)，2023，41(8)：90-102.

［7］ 董艳，孙巍. 促进跨学科学习的产生式学习(DoPBL)模式研究——基于问题式 PBL 和项目式 PBL 的整合视角［J］. 远程教育杂志，2019，37(2)：81-89.

［8］ 刘景福，钟志贤. 基于项目的学习(PBL)模式研究［J］. 外国教育研究，2002(11)：18-22.

［9］ 王健，李秀菊. 5E 教学模式的内涵及其对我国理科教育的启示［J］. 生物学通报，2012，47(3)：39-42.

［10］ 胡久华，高冲. 5E 教学模式在我国的教学实践及其国外研究进展评析［J］. 化学教育，2017，38(1)：5-9.

［11］ 赵呈领，赵文君，蒋志辉. 面向 STEM 教育的 5E 探究式教学模式设计［J］. 现代教育技术，2018，28(3)：106-112.

［12］ 张学新. 对分课堂：大学课堂教学改革的新探索［J］. 复旦教育论坛，2014，12(5)：5-10.

［13］ 杨淑萍，王德伟，张丽杰. 对分课堂教学模式及其师生角色分析［J］. 辽宁师范大学学报(社会科学版)，2015，38(5)：653-658.

第9章　产教融合促进教学改革路径探索

党的二十大报告提出，推进职普融通、产教融合、科教融汇。产教融合已经成为培养适应产业转型升级和实现高质量发展需要的高素质技术技能人才的根本要求和有效途径。

9.1　专业课程中的产教融合研究现状

9.1.1　国内产教融合研究现状

国内产教融合研究相关知网数据及预测见图9-1。

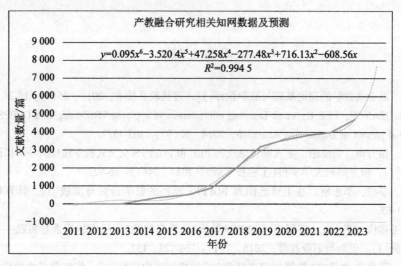

图9-1　产教融合研究相关知网数据及预测

柳友荣[1](2015)认为，应用型本科院校产教融合包括产教融合研发、产教融合共建、项目牵引、人才培养与交流等四种模式，其影响因素包括个体内部因素、双方耦合因素以及外部环境因素等。产教融合要求高校提高科研水平，办学资源以及人力资源与企业活动的相互融合；产教融合研发模式和产学项目牵引模式受政府部门政策、市场环境以及文化环境影响较大；解决研发机构、经济实体以及基地的孵化是产教融合共建模式重要表征；产教融合要求高校与企业相互融入，共同介入人才培养的全过程，实行高校与企业"双主体"的育人模式。

施晓秋[2](2019)认为，地方院校需要依托产教融合、学科融合、科教融合、创新创业融合，建设开放、自适应的地方院校新工科人才培养体系的基本思路，新工业对新工科人才培养的基本要求见表9-1。该文给出一个"面向新工科的'产、科、教、创'四位一体协同系统"模型(见图9-2)。

表 9-1 对未来工程师的素质与能力要求

美国工程院	代尔夫特理工大学	世界经济组织	ABET[①]专业认证标准	新工科建设"天大会议"
优秀的分析能力 实践能力 创造力 沟通能力 商业和管理能力 领导力 高的道德水准和专业素养 活力、敏捷、适应、灵活 终身学习	工程严谨性 批判性思维和非标准化解决问题 跨学科和系统思维 想象力、创造力、主动性 沟通与合作 全球化思维模式：多样性与流动性 有抱负的学习文化：学生参与和专业学习共同体 就业与终身学习	能力（认知能力，身体能力） 基本技能（内容技能，过程技能） 复合技能（社会技能，系统技能，解决复杂问题技能，资源管理技能，技术技能）	运用数学、科学和工程知识的能力 设计和开展数据处理的能力 根据实际需求设计的能力 识别、阐述和解决工程问题的能力 理解专业责任和道德责任 有效沟通的能力 能够了解工程方案对社会产生的影响 开展终身学习的能力 理解当代热点议题 使用技术、技能和现代工程工具的能力	家国情怀 创新创业 跨学科交叉融合 批判性思维 全球视野 自主终身学习 沟通与协商 工程领导能力 环境和可持续发展 数字化能力

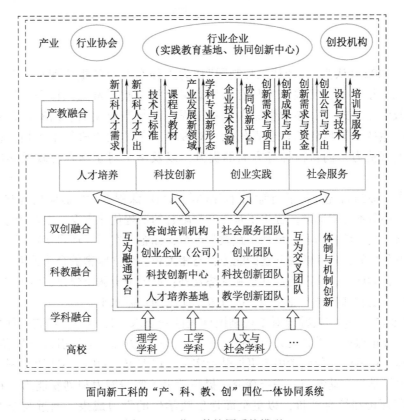

图 9-2 四位一体协同系统模型

---

①ABET 是 Accreditation Board for Engineering and Technology，美国工程与技术认证委员会的简称。

9. 1. 2 制图课程产教融合相关数据

制图课程产教融合相关数据及预测(前推 2 个周期)见图 9-3，由图可知，在制图中融入产教融合的相关研究论文较少。

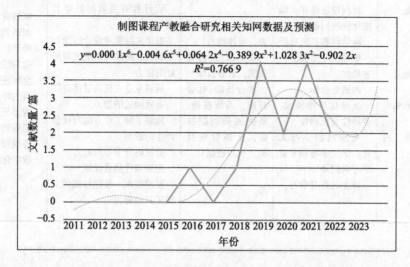

图 9-3　制图课程产教融合研究相关知网数据及预测

张赵良[3](2023)认为，"现代工程制图"作为工程类专业的重要课程，对于学生掌握工程绘图技能、培养工程实践能力具有重要意义。将思政元素融入课程内容，通过案例分析、实践教学等方式，引导学生深入理解工程制图与产业发展、国家建设之间的紧密联系，培养学生的爱国情怀和社会责任感。对教学改革的效果进行了评估，包括学生的学习成绩、实践能力、创新精神等方面的提升，以及学生对于课程思政教学的接受度和满意度等。

张迎春[4](2023)首先分析了当前"工程制图与 CAD"课程教学中教学内容与实际工作需求脱节、实践环节不足等问题。提出了基于产教融合的课程优化方案：根据产业发展趋势和企业实际需求，更新课程内容；增加实践教学环节，如企业实习、项目实践等，让学生在实践中掌握知识和技能，提高解决问题的能力；与相关企业建立紧密的合作关系，共同开发教学资源，设计教学项目，实现资源共享和优势互补；加强师资队伍建设，引进具有产业经验的教师，同时鼓励教师参与产业实践，提升教学团队的整体水平。

王宾[5](2022)根据产教融合对工程制图课程的新要求，提出一些措施：优化教学目标与教学内容、改革课程教学方式以及改进课程考核形式等方面。通过引入产业前沿知识和技术，结合实际应用案例，使教学内容更加贴近实际工程需求。同时，采用项目式、案例式等教学方式，引导学生主动参与、积极探究，提高学生的实践能力和创新能力。在考核形式上，注重过程评价和综合评价，以更全面地反映学生的学习成果。通过与企业的深度合作，共同制定课程标准、开发教学资源、建设实训基地等，实现教育链、人才链与产业链的深度融合。这不仅有助于提升工程制图课程的教学质量，还能为产业发展提供有力的人才支撑。

林振良[6]（2019）提出在产教融合背景下建筑类专业工程制图课程教学改革的具体措施：根据建筑行业的发展趋势和实际需求，调整和优化课程教学内容，注重培养学生的实践能力和创新能力；利用信息技术和多媒体技术等现代教学手段，提高教学效果，激发学生的学习兴趣；加强校企合作，与建筑企业建立紧密的合作关系，共同开展课程建设和教学改革，实现资源共享和优势互补；完善课程评价体系，建立科学的课程评价体系，注重过程评价和综合评价，以全面反映学生的学习效果。通过产教融合，可以实现教育链、人才链与产业链的有机衔接，促进人才培养与产业发展的深度融合。

由以上学者们的研究可知，制图课程产教融合是一种将产业界的实际需求与教育教学紧密结合的教学模式，旨在提高学生的工程制图技能和实践能力，培养符合产业发展需求的高素质人才。

在这种模式下，学校与企业、行业等产业界伙伴建立紧密的合作关系，共同参与到制图课程的设计、教学、评价等各个环节中。通过引入产业界的真实项目、案例和实践场景，使课程内容更贴近实际工作需求，提高学生的学习兴趣和参与度。

具体来说，制图课程产教融合可以从以下几个方面开展：

①课程内容的更新与优化：根据产业界的最新发展和需求，不断更新和优化制图课程的教学内容。引入新的技术、标准和规范，使学生学到的知识能够紧跟时代步伐，满足产业发展的需求。

②实践环节的强化：增加实践环节在制图课程中的比重，通过校企合作、实习实训等方式，让学生有机会亲身参与到实际项目中，锻炼他们的制图技能和实践能力。

③师资力量的提升：鼓励教师参与产业界的实践和研究活动，提高教师的专业素养和实践能力。同时，邀请具有丰富实践经验的产业界专家担任客座教授或开设讲座，为学生提供更多的学习资源和指导。

④教学方式的创新：采用线上线下相结合的教学方式，利用信息技术手段提高教学效果。例如，通过在线平台发布课程资料、布置作业、组织讨论等，方便学生随时随地进行学习；利用虚拟仿真技术模拟实际工作场景，让学生在虚拟环境中进行制图练习，提高学习效果。

通过制图课程产教融合，可以使学生更好地掌握制图技能和实践能力，提高他们在就业市场上的竞争力。同时，也能够为产业界提供更多优秀的人才支持，推动产业的发展和创新。

9.2　课程团队产教融合实践

2015 年以前，课程团队除了使用外校教材与其他高校交流过之外，几乎没有与其他高校或企业深入合作交流的经历。这也直接导致课程团队带领学生参加 2015 年高教杯爆零，当时这个结果对师生打击都比较大，第一次尝试走出去，以失利收场。这个经历被师生写进由黄志甲、杨琦编著的《从创意到创业——大学生创新创业实践指导》一书中，成为师生奋起直追的见证。

2016 年至今，课程团队选择了"走出去、请进来"的破局之路。

9.2.1 通过竞赛"走出去"

1. 以学生竞赛平台为纽带，建立校校、校企合作关系

有选手在总结第一次高教杯失利时这样说："周围都是劈里啪啦敲键盘的声音，我是用鼠标点 CAD 上的按钮画图的，图也没读懂，导致最后没画完。"还有的选手说："他们都是用的天正建筑软件，那些轴网标高啥的都是现成的块，而我是用 CAD 一条条线画出来的。"

学生第一次走到竞赛场上，带回来的问题直接反映出课堂的问题：没有使用先进的软件，没有使用高效的技能，教师没有提前向其他高校学习交流。教师必须行动起来。

2016 年起，课程团队为学生搭建了五大竞赛平台。在搭建竞赛平台过程中，教师必须跟竞赛组织部门实时互动了解最新竞赛指示。因此，课程团队教师加入安徽省工程图学学会，并积极为省图学竞赛献言献策；加入江苏省图学学会，通过担任竞赛裁判向组委会专家学习；因高教杯-天正杯而参加工信部组织的天正 BIM 技术培训，结识了天正公司工作人员；因安徽省图学会结识斯维尔公司工作人员，进而参加斯维尔杯全国竞赛；因高教杯国赛结识中望公司工作人员，为学生参加中望杯工业软件大赛提供契机。

2. 通过教师竞赛学习先进的教学经验

教师竞赛有助于教师展示自己的教学成果、激发教师的学习热情和创新思维，学习他人的优秀教学方法和经验，从而提高教学水平，还有助于教师了解学科前沿动态，掌握最新的教育教学理念和方法。

常见的教师竞赛包括以下几种：

①教学比赛：主要评选教师的教学能力和教学方法，涵盖课堂教学、教学设计、教学评价等方面。

②科技比赛：主要评选教师在科技创新方面的能力和成果，包括科研项目、科技论文、科技成果等。

③课件制作与微课比赛：主要评选教师的课件制作能力和创新能力，以及微课设计、制作和展示等技能。

④教育教学论文比赛：主要评选教师在教育教学方面的论文写作能力和创新能力，涉及教育教学理论研究和实践研究等内容。

为了确保竞赛的公正性和专业性，通常会制定明确的主题、标准、规则和评分标准。

主题一般与当前教育热点或教学实践相关，标准则根据主题制定，包括教学方法、教学内容、课堂氛围、师生互动等方面。竞赛规则涵盖参赛对象、形式、作品要求和提交方式等，评分标准则对各项指标进行权重分配，以便对参赛作品进行客观、公正地评价。

最早的高校教师竞赛可以追溯到 20 世纪 80 年代。当时，北京、天津、河南、湖北等地的教育工会开始举办教学竞赛，这些竞赛初步奠定了高校教师竞赛的基础。随着时间的推移，这种竞赛形式逐渐在全国范围内得到推广和认可。到了 2012 年，中国教科文卫体工会正式举办了国家级的教学竞赛，即第一届全国高校青年教师教学竞赛。2020 年中国高等教育学会主办第一届全国高校教师教学创新大赛，并列出一份全国性教师教学竞

赛目录。图学届的教师竞赛是全国高等学校教师图学与机械课程示范教学与创新教学法观摩竞赛，由教育部高等学校工程图学课程教学指导委员会、中国图学学会制图技术专业委员会和中国人民解放军院校图学与机械基础教学协作联席会于 2013 年联合主办首届赛事。

课程团队近三年参加的教师竞赛获奖情况见表 9-2。

表 9-2　教师竞赛获奖情况

序号	竞赛名称	课程(类别)名称	参赛教师	获奖等级	获奖时间
1	第八届全国高等学校教师图学与机械课程示范教学与创新教学法观摩竞赛	微课示范教学创新赛道	贾黎明	二等奖	2023.9
2	第八届全国高等学校教师图学与机械课程示范教学与创新教学法观摩竞赛	课堂示范教学创新赛道	贾黎明	三等奖	2023.9
3	第五届全国高校混合式教学设计创新大赛	建筑 CAD	贾黎明	三等奖、设计之星奖	2023.10
4	第三届全国高校教师教学创新大赛安徽省赛	工程建筑制图	贾黎明、汪永明、仝基斌、卢旭珍	三等奖	2023.8
5	2023 东方创意之星教师教学创新大赛安徽省赛	建筑制图	贾黎明	铜奖	2023.9
6	安徽工业大学第三届教师教学创新大赛	基础课程组/工程建筑制图	贾黎明、汪永明、仝基斌、卢旭珍	一等奖	2023.2
7	第七届华东区高校教师 CAD 应用教学竞赛	建筑 CAD	贾黎明	二等奖	2022.5
8	第九届西浦全国大学教学创新大赛	建筑 CAD	贾黎明	年度教学创新优秀奖	2024.4
9	第四届全国大学生创新创业实践联盟年会优秀论文评选	"双创"+"美育"融入工科课程的理论与实践研究——以工程建筑制图为例	贾黎明、杨琦	三等奖	2022.4

正如前言中所述，参加教师竞赛对教师的教学认知水平会产生质的变化。

9.2.2　通过产教融合"请进来"

产教融合这个平台是国家为企业和高校搭建的一个很好的交流平台。课程团队与多个企业合作，通过企业为师生培训、联合指导竞赛、使用国产化软件等，加强企业与高校之间的交流。

1. 课程团队与百川建科合作情况

课程团队于 2021 年通过教育部产学合作协同育人平台与百川伟业(天津)建筑科技股份

有限公司取得联系，获批师资培训项目。合作企业在建筑界属于高新企业，在"BIM""FM""CIM""云计算""大数据""人工智能"等研究方面均走在前列，并致力于产教融合，将工程现场经验应用于高校教学，有丰富的师资培训经验。

（1）师资培训目标

根据新工科对工科教师专业发展的要求，通过校企合作培训，教师的工程素质包括工程经验、学术水平、业界资质、知识面扩展等均有显著提升，从而带动教学能力突破瓶颈期，符合高等教育人才培养对教师的新要求。

通过校企合作与跨校合作，带动区域高校教师共同进步，充分发挥地方一本高校在区域发展中的作用。

（2）师资培训内容

通过企业培训，课程组成员可以获得以下工程实践信息。

①BIM培训。

BIM技术是一种应用于工程设计、建造、管理的数据化工具，通过对建筑的数据化、信息化模型整合，在项目策划、运行和维护的全生命周期过程中进行共享和传递，使工程技术人员对各种建筑信息作出正确理解和高效应对，为设计团队以及包括建筑、运营单位在内的各方建设主体提供协同工作的基础，在提高生产效率、节约成本和缩短工期方面发挥重要作用。

合作企业有丰富的BIM培训资源，通过BIM培训，课程组成员能够将BIM技术熟练地应用于图学课程教学。

②建筑运营管理与大数据培训。

建筑运营管理阶段需要用到计算机技术实现对建筑设施设备与使用空间的管理，有效的建筑运营管理能提升建筑的使用功能、性能，降低使用能耗。内容包括：建筑安全与设施管理、建筑能效与设备管理、建筑水资源应用管理、建筑环境与空间管理、建筑智能与信息化管理、建筑运营模式与评价。了解建筑运营管理的全过程，有助于扩大课程团队的知识广度，在图学教学改革时可以引入相关图学案例，补充新鲜题库。

③人工智能培训。

智能建筑是集现代科学技术之大成的产物。其技术基础主要由现代建筑技术、现代计算机技术、现代通信技术和现代控制技术所组成。研究智能建筑，可以更好地解决现代化对建筑内外信息交换、安全性、舒适性、便利性和节能性的新要求。通过人工智能培训，课程组成员可以了解建筑智能化（5A）在建筑中的地位和作用，扩大工程认知。

企业培训师为师生展示了智能建筑的技术基础：现代建筑技术、现代电脑技术、现代通讯技术和现代控制技术。师生能够直观地了解智能建筑，初步认识现代化对建筑内外信息交换、安全性、舒适性、便利性和节能性的新要求。

企业培训师们知识渊博、课件精美，展示的软件代表了国内BIM应用的前沿技术，充分体现了上市公司在教育领域的奉献精神。参加培训的人员不仅有安徽工业大学图学团队的教师，也有多个专业参加竞赛的学生，师生参加培训的精神状态饱满，培训结束时积极参与讨论。共计12名教师、16名学生通过企业培训考核并获得培训证书，证书如图9-4所示。

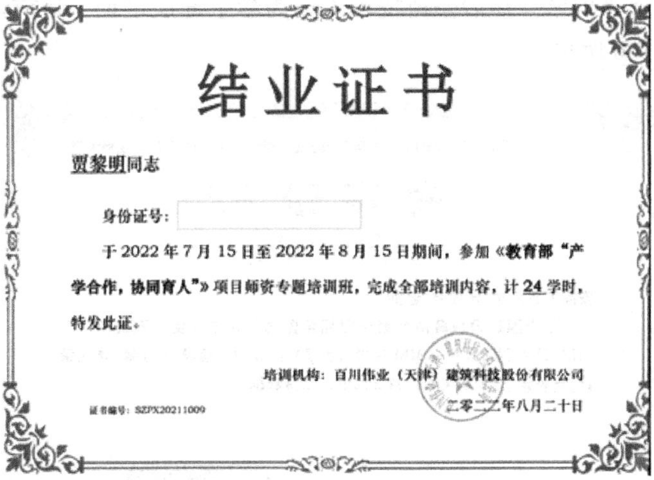

结业证书

贾黎明同志

身份证号：

于 2022 年 7 月 15 日至 2022 年 8 月 15 日期间，参加《教育部"产学合作，协同育人"》项目师资专题培训班，完成全部培训内容，计 24 学时，特发此证。

培训机构：百川伟业（天津）建筑科技股份有限公司

证书编号：SZPX20211009

二零二二年八月二十日

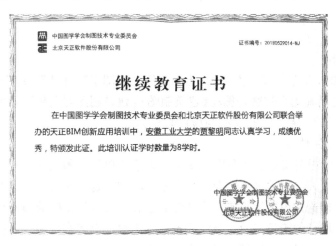

图 9-4　产教融合培训证书

2. 与其他公司合作情况

天正软件公司是国内知名软件企业，专注于工程设计软件的开发与推广。该公司拥有包括天正建筑、天正结构、天正给排水、天正暖通、天正电气等全系列工程设计计算软件，这些软件为勘察设计行业提供了强大的工具支持。课程团队在天正公司的大力支持下，每年使用该公司各个模块软件应用于课堂实践，取得较好的教学效果。培训证书如图 9-5 所示。《建筑制图》和《建筑制图习题集》教材选用该公司较新版本的天正建筑软件作为工程图绘制部分授课内容。

中国图学学会制图技术专业委员会
北京天正软件股份有限公司

证书编号：20180529014-NJ

继续教育证书

在中国图学学会制图技术专业委员会和北京天正软件股份有限公司联合举办的天正BIM创新应用培训中，安徽工业大学的贾黎明同志认真学习，成绩优秀，特颁发此证。此培训认证学时数量为8学时。

中国图学学会制图技术专业委员会
北京天正软件股份有限公司

图 9-5　BIM 培训证书

深圳市斯维尔科技有限公司，是国内领先的建设行业软件及解决方案服务商。该公司注重与高校的合作，通过校企合作实践教学基地等方式，将企业的技术需求与高校的人才培养目标相结合，共同推动人才培养和科技创新。这种合作模式有助于企业获取更多的创新资源，同时也为高校提供了实践教学的平台，实现了资源共享和优势互补。课程团队与斯维尔公司合作进行学生竞赛指导，并请公司技术人员为学生开展培训，目前学生获奖 20 余项，获奖证书举例如图 9-6 所示。

图 9-6　斯维尔杯竞赛获奖证书

中望公司是国内知名软件企业，专注于 CAD 软件的研发与推广。其旗下的主要产品包括二维中望 CAD 和高端三维 CAD/CAM 软件中望 3D，这些软件为全球各行业用户的不同业务发展需求提供高性价比的 CAD/CAM 解决方案。课程团队积极参加中望公司培训，并合作指导学生竞赛。中望公司网络题库中的制图基础知识模块为课程团队进行网络资源建设提供了参考。

3. 与学术机构合作情况

（1）与高校合作

课程团队于 2009 年参与湖南大学的《土木建筑工程图学》《土木建筑工程图学习题集》编写工作，2018 年与马鞍山学院联合编写《建筑制图》《建筑制图习题集》，2023 年与皖江工学院、南宁学院联合编写《AutoCAD 基础与应用教程》。

（2）与社会学术团体合作

课程团队所在学校是安徽省工程图学学会副理事长单位，团队成员有副理事长 1 人、常务理事 2 人、理事 2 人。通过每年年会进行学术交流和竞赛指导交流，课程团队竞赛指导经验逐渐丰富，图学理论知识更为扎实，为课堂教学和实践打下良好的师资基础。

课程团队所在城市位于长三角，与江苏省工程图学学会多有接触。通过竞赛培训、竞赛阅卷等，获得多次学习机会，培训证书如图 9-7 所示。

课程团队成员是中国电子劳动学会数字素养与技能提升人才培养工程智库专家（见图 9-8），经常参加该学术团队组织的线上培训与交流活动，从中学习到诸如"阿里达摩院 2023 十大科技趋势"等文献，为创建课程网络资源中的数字化与人工智能模块积攒了前沿资料。课程团队承担的课题《工科课程专创融合的理论与实践研究（Ciel2022003）》（中国电子劳动学会"产教融合、校企合作"教育改革发展课题）顺利结题并获得成果二等奖评级。

　　课程团队成员参加阿妹艺术学院的十多门线上培训课程，较大地提升了自身艺术素养，培训证书举例见图 9-9。

图 9-7　中望公司培训　　　　　图 9-8　中国电子劳动学会专家证书　　　　图 9-9　艺术培训证书

参考文献

［1］　柳友荣，项桂娥，王剑程．应用型本科院校产教融合模式及其影响因素研究［J］．中国高教研究，2015(5)：64-68．

［2］　施晓秋，徐赢颖．工程教育认证与产教融合共同驱动的人才培养体系建设［J］．高等工程教育研究，2019(2)：33-39．

［3］　张赵良，谷卫，姚召华，等．产教融合背景下"现代工程制图"课程思政教学改革探究［J］．大学：思政教研，2023(21)：89-92．

［4］　张迎春．基于产教融合优化课程建设：以工程制图与 CAD 课程为例［J］．学园，2023，16(6)：59-61．

［5］　王宾，郑富玲，温永宏．产教融合背景下工程制图课程教学模式创新［J］．中国现代教育装备，2022(19)：149-151．

［6］　林振良，闫有喜，李庆．产教融合背景下建筑类专业工程制图课程教学改革［J］．西部素质教育，2019，5(21)：171-172．

附录 A 本书关联课题

1. AutoCAD 基础与应用教程(课题号：2023jcjs043)，安徽省质量工程项目——教材建设，2024。

2. 工程建筑制图(课题号：2023xskc 013)，安徽省质量工程项目——线上一流课程建设，2024。

3. 专·创·美融合的 CAD 课程改革与实践(课题号：231003596151251)，教育部产学合作协同育人项目，2024。

4. 工管交叉的课程师资培训(课题号：231107038155758)，教育部产学合作协同育人项目，2024。

5. 基于学银在线的图学课程数字化资源建设(课题号：Ceal2023023)，中国电子劳动学会 2023 年"产教融合、校企合作"教育改革发展课题，2023。

6. AutoCAD 基础与应用教程，安徽工业大学质量工程项目——规划教材，2022。

7. 工程制图(课题号：2022kcsz039)，安徽省质量工程项目——思政示范课，2022。

8. 工科课程专创融合的理论与实践研究(课题号：Ciel2022003)，中国电子劳动学会"产教融合、校企合作"教育改革发展课题，2022。

9. 工程建筑制图课程专创美育融合的改革与实践研究(课题号：202102338022)，教育部产学合作协同育人项目，2021。

10. 新工科背景下的图学师资培训(课题号：201102011015)，教育部产学合作协同育人项目，2021。

11. 工程建筑制图(课题号：2020SJJXSFK0434)，安徽省质量工程项目——教学示范课程，2020。

12. 建筑 CAD(课题号：2020xskt054)，安徽省线上教学优秀课堂，2020。

13. "双创"+"美育"融入工科课程的理论与实践研究(课题号：2020jyxm0220)，安徽省教学研究项目，2020。

14. 工程建筑制图(课题号：2019mooc096)，安徽省质量工程项目——大规模在线开放课程。

15. 《建筑制图》及配套习题集，安徽工业大学质量工程项目——规划教材，2018。

16. 基于 BIM 的工程建筑制图教学改革(课题号：2016jy14)，安徽工业大学教学研究项目，2016。

17. 工程建筑制图，安徽工业大学质量工程项目——校级精品课程，2016。

18. 基于 TRIZ 理论的机械类本科毕业设计选题模式改革，安徽工业大学教学研究项目，2013。